Convergenze

a cura di
G. Anzellotti, L. Giacardi, B. Lazzari

T0253626

Emanuele Delucchi

Giovanni Gaiffi

Ludovico Pernazza

Giochi e percorsi matematici

 Springer

Emanuele Delucchi
Dipartimento di Matematica
Università di Brema

Giovanni Gaiffi
Dipartimento di Matematica
Università di Pisa

Ludovico Pernazza
Dipartimento di Matematica
Università di Pavia

isbn 978-88-470-2615-5   isbn 978-88-470-2616-2 (eBook)
doi 10.1007/978-88-470-2616-2

Springer Milan Dordrecht Heidelberg London New York

Questo libro è stampato su carta FSC amica delle foreste. Il logo FSC identifica prodotti che contengono carta proveniente da foreste gestite secondo i rigorosi standard ambientali, economici e sociali definiti dal Forest Stewardship Council

Immagine di copertina: disegno di Chiara Noci
Layout copertina: Valentina Greco, Milano
Progetto grafico e impaginazione: CompoMat S.r.l., Configni (RI)
Stampa: GECA Industrie Grafiche, Cesano Boscone (MI)

Springer-Verlag Italia S.r.l., Via Decembrio 28, I-20137 Milano
Springer fa parte di Springer Science + Business Media (www.springer.com)

Prefazione

Questo volume è dedicato a tutti gli appassionati di matematica, e nasce da un'esperienza concreta. Da vari anni presso il Dipartimento di Matematica dell'Università di Pisa viene organizzata, a cura di Rosetta Zan e Pietro Di Martino, la 'Settimana Matematica'. Si tratta di una iniziativa all'interno del Progetto Lauree Scientifiche, rivolta agli studenti degli ultimi anni delle scuole superiori. Uno degli ingredienti principali di questa iniziativa sono i 'laboratori', pensati per mettere gli studenti a diretto contatto con l'attività matematica, accompagnandoli nello studio di problemi che chiamano in causa le loro conoscenze, ponendole però sotto prospettive nuove.

Abbiamo organizzato più volte il laboratorio dedicato ai giochi e quello dedicato alla topologia nell'ambito della Settimana Matematica. L'esperienza fatta a Pisa ci ha poi incoraggiato a proporre i nostri laboratori anche in altre occasioni – in Italia, in Europa e negli Stati Uniti. In tutte queste situazioni abbiamo potuto osservare che i giochi costituiscono uno strumento didattico molto efficace. L'interesse degli studenti viene subito attirato dal meccanismo del gioco, e tutti si sentono coinvolti già dalle prime 'partitelle' che servono per capire le regole. Poi, piano piano, l'esigenza agonistica di capire 'come funziona', 'cosa fare per vincere', interpella i ragazzi: è qui che inizia il percorso matematico.

L'insegnante si trova in una situazione favorevole per tre importanti motivi: l'interesse degli studenti è molto alto fin dall'inizio; l'approccio matematico allo studio dei giochi è convincente perché offre risultati concreti e... agonisticamente utili; infine, gli argomenti matematici che 'si nascondono' nel meccanismo di certi giochi (che vanno opportunamente scelti) sono molto significativi. Pensiamo al processo di astrazione che porta alla definizione chiara di cosa vuol dire 'possedere una strategia vincente fin dall'inizio' e alla scoperta che, nei giochi considerati, uno dei due giocatori effettivamente la possiede o alla costruzione di algoritmi che permettono di risolvere un rompicapo e contemporaneamente portano ad approfondire la conoscenza delle permutazioni e dei gruppi. Oppure alla osservazione che un gioco con scacchiera e pedine nasconde nel suo meccanismo un importante teorema sulle funzioni continue; o ancora alla possibilità di giungere a svelare, attraverso una sfida in cui si collegano crocette nel piano con tratti di penna, la formula di Eulero per i grafi planari e i poliedri.

Il presente volume offre agli insegnanti un supporto per intraprendere questo percorso didattico che parte dai giochi e si inoltra nella matematica, mettendo a loro disposizione strumenti per introdurre o approfondire con gli studenti questioni di base (le tecniche di dimostrazione, per esempio, come l'induzione o la dimostrazione per assurdo) ma anche per rompere di tanto in tanto gli schemi dei programmi scolastici e aprire prospettive nuove. I giochi, infatti, per loro natura, pongono spesso problemi 'non standard'. Ci sarà dunque occasione di incontrare i coefficienti binomiali, i grafi, le permutazioni, i gruppi, le funzioni di più variabili reali, il teorema di punto fisso di Brouwer, gli omeomorfismi, le curve nel piano, i lavori di Eulero e i primi concetti della topologia.

Ma questo volume non è rivolto solo agli insegnanti: confidiamo infatti che anche gli studenti e tutti gli appassionati di matematica troveranno la lettura utile e piacevole. Abbiamo impostato la trattazione degli argomenti in modo che sia possibile seguire diversi piani di lettura, dedicando spazio alla descrizione degli esempi più semplici oltre che alle dimostrazioni dei teoremi che entrano in scena.

Il libro è suddiviso in quattro parti, ognuna delle quali è legata ad un gioco o a una famiglia di giochi. Nella prima parte vengono descritti il Chomp, il Nim, il gioco dei divisori, il Chomp sui grafi e tutta una serie di giochi a due giocatori in cui i concorrenti, al loro turno, 'mangiano' qualcosa. La seconda parte è dedicata al gioco del 15 e ad altri giochi con blocchetti mobili da far scorrere dentro una scatola o lungo un grafo. Nella terza parte viene presentato l'Hex, un gioco con pedine da posizionare su una scacchiera inventato da Piet Hein e John Nash. Nella quarta parte si discutono giochi con carta e penna (Germogli, Cavoletti di Bruxelles, eccetera): in questi giochi due giocatori devono collegare con dei tratti di penna alcuni punti fissati, rispettando certi vincoli. Le quattro parti del libro condividono la stessa struttura, articolata in sei capitoli.

- Il primo capitolo si apre con la descrizione delle regole del gioco principale, illustrate con qualche semplice esempio. In un secondo momento si studia il gioco cercando di capire come funziona e come fare per vincere. A questo punto si osserva che le domande naturali (ossia se esista una strategia vincente disponibile già dall'inizio per uno dei giocatori, quale sia il giocatore che può vincere, quale sia esattamente questa strategia) suscitano varie riflessioni matematiche. Si enunciano dunque con precisione queste domande.

- Nel secondo capitolo si danno risposte alle domande, coinvolgendo i concetti matematici che erano nascosti nel meccanismo del gioco. Si offrono dimostrazioni rigorose mantenendo però il linguaggio ad un livello facilmente accessibile, rimanendo nello spirito del 'gioco'.

- Nel terzo capitolo, dal titolo 'Variazioni sul tema', si presentano alcuni giochi affini a quello principale. Chi si avvicina a questo libro anche per giocare troverà interessanti varianti con cui cimentarsi, mentre chi è interessato al percorso matematico noterà che a volte basta cambiare piccoli dettagli nelle regole o nella situazione iniziale per dare spunto a domande nuove.

- Il quarto e il quinto capitolo, il cui titolo comincia con 'In primo piano: ...' sono dedicati ad un approfondimento dei temi e contenuti matematici che sono al cuore dei ragionamenti utilizzati per rispondere alle domande nate dal gioco. Il linguaggio diviene più formale, senza scollegarsi però completamente dagli esempi dei giochi. L'insegnante potrà utilizzare questi approfondimenti per accompagnare gli studenti nel percorso che porta gradualmente dall'intuizione all'esigenza di cercare conferme attraverso delle dimostrazioni, dallo studio di un problema particolare alla scoperta di teoremi e tecniche generali, dando una 'prima introduzione' a concetti matematici di grande importanza.

- L'ultimo capitolo offre una lista di esercizi che insistono sugli argomenti presentati nei 'primi piani'. Gli esercizi si aggiungono a quelli che, intercalati nel testo dei capitoli precedenti, riproducono le domande poste agli studenti durante le lezioni. Talvolta abbiamo incluso dei suggerimenti per lo svolgimento.

Completano il libro un'appendice che contiene informazioni sulle esperienze didattiche e sui laboratori che abbiamo organizzato (e rimanda alla pagina web http://www.maestran.ch/giochi/index.html in cui si possono trovare maggiori dettagli e dati aggiornati) e una seconda appendice con le soluzioni di alcuni esercizi proposti nel testo.

Il legame fra i giochi e i principali argomenti matematici discussi nel libro viene rappresentato nello schema riassuntivo che conclude questa prefazione. Le linee continue collegano gli argomenti trattati nei 'primi piani' ai rispettivi giochi. Le linee tratteggiate indicano quali legami fra i vari argomenti vengono messi in luce nel nostro 'racconto'.

Desideriamo ringraziare gli organizzatori della Settimana Matematica, Rosetta Zan e Pietro Di Martino, per averci incoraggiato con il loro entusiasmo e fornito preziose indicazioni rileggendo le versioni preliminari del lavoro, e Fabrizio Broglia che ci ha dato l'idea di questo percorso didattico sui giochi. Ringraziamo anche anche Alberto Abbondandolo, Francesca Acquistapace, Alessandro Berarducci, Mauro Di Nasso e Pietro Majer, per i consigli sulle lezioni e le conversazioni sui giochi, Maurice Froidcoeur per l'attenta lettura della versione preliminare di alcuni capitoli. Un ringraziamento speciale va infine a Marco Golla e Giulio Tiozzo, che hanno condiviso con noi questa esperienza nei primi laboratori.

Pisa, gennaio 2012

Emanuele Delucchi
Giovanni Gaiffi
Ludovico Pernazza

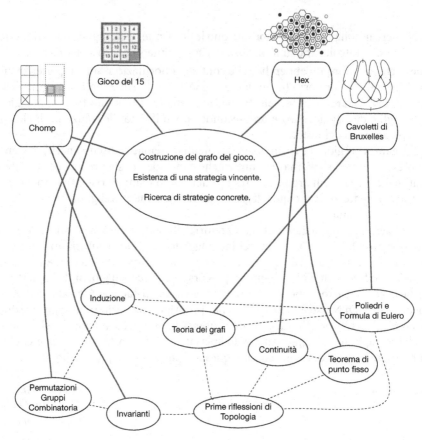

Chomp

Gioco del 15

Hex

Cavoletti di Bruxelles

Costruzione del grafo del gioco.

Esistenza di una strategia vincente.

Ricerca di strategie concrete.

Induzione

Teoria dei grafi

Continuità

Poliedri e Formula di Eulero

Teorema di punto fisso

Permutazioni Gruppi Combinatoria

Invarianti

Prime riflessioni di Topologia

Indice

Parte V   Appendici

Parte I

Chomp

Capitolo 1
Il Chomp: presentazione e prime domande

Tutto comincia da una tavoletta di cioccolata con 4 × 5 quadratini. L'ultimo in basso a sinistra è contrassegnato: si tratta di un quadratino avvelenato.

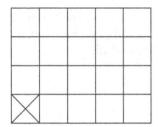

◀ **Figura 1.1** Una tavoletta 4 × 5 'pronta' per una partita a Chomp

Il gioco chiamato Chomp (il nome è stato inventato da Martin Gardner, vedi [26]) è la sfida tra due contendenti che devono, ad ogni mossa, mangiare almeno un quadratino di cioccolato. Naturalmente chi mangia il quadratino avvelenato perde; vince quindi chi obbliga l'avversario a mangiare il veleno. La regola è che i giocatori hanno una bocca rettangolare: volendo mangiare un certo quadratino il giocatore mangerà anche tutti quelli che si trovano più a destra o più in alto di esso (compresi quelli che si trovano più a destra *e* più in alto di esso).

Per chiarire bene come funziona, proviamo a seguire una partita di Chomp.

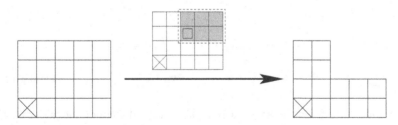

▲ **Figura 1.2**

Il primo giocatore sceglie il quadratino che si trova nella terza colonna da destra e nella seconda riga dall'alto e mangia tutti e 6 i quadratini del rettangolo da esso individuato.

Il secondo giocatore risponde con una mossa in cui mangia due soli quadratini (Fig. 1.3): infatti sceglie il quadratino nella seconda riga dal basso e nella seconda colonna da destra. Questo morso ha l'effetto di togliere i due quadratini marcati in grigio.

Delucchi E., Gaiffi G., Pernazza L.: Giochi e percorsi matematici
DOI 10.1007/978-88-470-2616-2_1, © Springer-Verlag Italia 2012

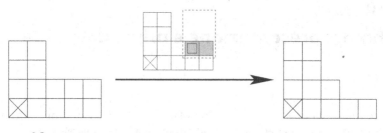

▲ **Figura 1.3**

Non riuscendo ad indovinare la strategia dell'avversario, il giocatore che aveva cominciato la partita opta ora per una mossa drastica: sceglie il quadratino appena sopra quello avvelenato e fa una scorpacciata di ben 7 quadratini!

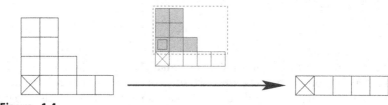

▲ **Figura 1.4**

Ma ahimè! La golosità è spesso cattiva consigliera: non appena la sua ingordigia si è placata, egli si accorge di avere in pratica regalato la vittoria all'avversario. E infatti,

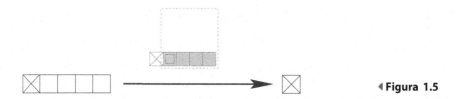

◀ **Figura 1.5**

mangiando tutta la cioccolata 'sana' dell'ultima riga, il secondo giocatore ha gioco facile nel costringere l'avversario ad affrontare la dura realtà, e a pentirsi di non aver riflettuto più attentamente per cercare le mosse che lo avrebbero magari condotto alla vittoria.

Per non rischiare di finire anche noi un giorno nella sua stessa situazione, sarà meglio studiare il gioco.

Un buon metodo per capire come funziona il Chomp potrebbe essere quello di studiare una lista di tutte le mosse possibili: si potrebbero cioè scrivere *tutte* le situazioni di gioco possibili, collegandole con delle frecce che indicano da quale situazione a quale altra si può passare con una mossa valida. Seguiremo questa idea, ma con quale spirito? Ci rendiamo conto che raccogliere informazioni solo per il caso della tavoletta 4×5 non ci soddisferebbe. Chiaramente il Chomp si può giocare con una tavoletta di qualsiasi dimensione: ci piacerebbe dunque utilizzare gli esempi come spunto per cercare, se possibile, di individuare qualche idea più generale.

Chiamiamo *configurazione* del gioco ognuna delle forme che la tavoletta di cioccolata può assumere durante il gioco. Siccome il nostro piano prevede di disegnare tutte le configurazioni possibili, è naturale chiedersi:

Domanda 1.1 Quante sono le configurazioni possibili di un Chomp con $n \times m$ quadratini?

Anche prima di rispondere con precisione a questa domanda, intuiamo che per dei Chomp su tavolette 'grandi' il numero di configurazioni da disegnare sarà molto alto. Dunque pur avendo, come si diceva, l'intenzione di trovare qualche regola generale, ci conviene iniziare da un esempio piccolo: proviamo a disegnare tale schema (detto *grafo del gioco*[1]) per il caso del Chomp 2×3 (vedi Fig. 1.6). Ci sono 10 configurazioni possibili: una di esse è quella finale, che non disegniamo, dove tutta la tavoletta è stata mangiata – e dunque uno dei due concorrenti, ahimè...

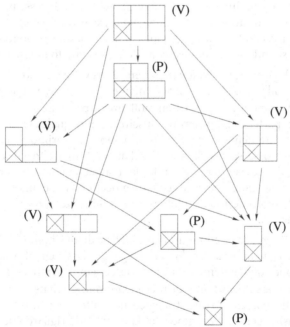

▲ **Figura 1.6**   Il grafo del Chomp 2×3 (abbiamo omesso la configurazione finale)

Partendo dal basso, nella Fig. 1.6 abbiamo contrassegnato una configurazione come *vincente* (V) o *perdente* (P) se chi trova il gioco in quella configurazione e deve muovere ha una strategia per vincere il gioco o no.

---

[1]Più avanti, al Capitolo 5, introdurremo i grafi in maniera più approfondita e precisa.

Più precisamente:

- abbiamo contrassegnato con una P la configurazione in basso con solo il quadratino avvelenato: chi se la trova davanti ha perso;
- abbiamo contrassegnato con una V una configurazione se da essa, nel grafo, parte almeno una freccia che porta ad una configurazione già contrassegnata da una P;
- abbiamo contrassegnato con una P una configurazione se, nel grafo, tutte le frecce che partono da essa terminano in configurazioni già contrassegnate con una V.

In questo esempio è stato possibile contrassegnare ogni configurazione: questo fa nascere un sospetto, visto che in linea di principio il grafo del gioco si può scrivere per ogni Chomp.

Domanda 1.2 È vero che, nel grafo del gioco di un Chomp $n \times m$, le configurazioni si possono sempre tutte contrassegnare come perdenti o vincenti a partire dal basso, come abbiamo fatto nell'esempio?

Se così fosse, in ogni Chomp uno dei due contendenti avrebbe a disposizione una strategia vincente. Infatti se la configurazione iniziale avesse una V, vorrebbe dire che il primo giocatore, se gioca bene, vince, se invece avesse una P, vorrebbe dire che vince il secondo (sempre se gioca bene). Dunque, rispondendo a questa domanda, si risponde anche alla seguente domanda, molto naturale per un gioco.

Domanda 1.3 Il gioco è già segnato in partenza? Ovvero: c'è uno dei due giocatori di cui si sa fin dall'inizio che, se gioca in maniera sufficientemente astuta, vince?

Visto che abbiamo un sospetto, non molliamo la presa. Se fosse vero che il gioco è segnato in partenza... potremmo riuscire a capire quale dei due giocatori ha una strategia sicuramente vincente? Osserviamo che il primo giocatore ha a disposizione una mossa 'speciale': mangiare il quadratino in alto a destra. Qualsiasi mossa il secondo riesca a fare partendo da lì, avrebbe potuto esser eseguita già all'inizio dal primo giocatore: se il secondo giocatore avesse una buona mossa, il primo potrebbe precederlo facendola prima di lui. Questa intuizione porta alla prossima domanda.

Domanda 1.4 È vero che la configurazione iniziale di un Chomp $n \times m$ viene sempre contrassegnata con una V nel grafo del gioco? Ossia che il primo giocatore, se gioca in modo sufficientemente scaltro, riesce sempre a vincere?

Osserviamo che tutte le domande precedenti sono suscitate da una curiosità di carattere astratto, vorremmo dire strategico, non tattico. Stiamo cercando di capire un meccanismo generale del gioco, un fatto di fondo riguardante l'esistenza di una strategia vincente. C'è la possibilità che si arrivi a scoprire che il primo giocatore può sempre vincere, ma senza spiegare con quali mosse può farlo. Per alcuni questo può essere già appagante di per sé, tanto da far cadere in secondo piano le domande sulle 'tattiche' di gioco concrete. Altri invece sentiranno il bisogno di chiedere:

Domanda 1.5 Quali sono le tattiche concrete che permettono ad un giocatore di vincere a Chomp? Dipendono dal formato $n \times m$ della tavoletta? Ci sono dei formati per cui si possono descrivere dettagliatamente?

Capitolo 2
Risposte: giochi combinatori finiti
e la 'mossa rubata'

Per rispondere alle Domande 1.2 e 1.3 sulla esistenza di una strategia vincente per il Chomp, la cosa migliore da fare è 'allargare l'orizzonte' e studiare una famiglia di giochi più vasta, a cui il Chomp appartiene.

2.1 I giochi combinatori finiti

Osserviamo infatti che il Chomp ha le seguenti caratteristiche:

- è deterministico, nel senso che non ci sono mosse influenzate da fattori casuali (dadi, sorteggi, eccetera) e ogni mossa è univocamente determinata dalla configurazione iniziale e finale;
- c'è solo un numero finito di configurazioni possibili[1];
- non è consentita la mossa nulla ('passo');
- non è possibile che la stessa configurazione sia ottenuta più di una volta durante una partita[2];
- c'è 'informazione perfetta', ossia il risultato di ogni mossa di un giocatore è completamente noto all'altro giocatore (non ci sono dati di cui è a conoscenza uno solo dei giocatori);
- non può terminare in 'patta'[3].

Chiameremo *gioco combinatorio finito* un gioco che ha le caratteristiche elencate sopra.

Esercizio 2.1 Dimostrare che un gioco combinatorio finito termina in un numero finito di mosse.

Ci poniamo l'obiettivo ambizioso di rispondere alle Domande 1.2 e 1.3, suscitate dal Chomp, per tutti i giochi combinatori finiti.

Pur non avendo ancora a disposizione il linguaggio della teoria dei grafi (vedi per questo il Capitolo 5), ci conviene tornare a considerare l'idea del grafo di un gioco.

Il *grafo di un gioco* è lo schema che nasce scrivendo tutte le configurazioni possibili del gioco dato e collegandole con delle frecce che indichino da quale configurazione a quale altra si può passare con una mossa valida.

Osserviamo che il grafo di un gioco combinatorio finito non possiede percorsi 'ciclici' orientati, ovvero in tale grafo non è possibile, percorrendo le frecce

---

[1]Infatti la tavoletta durante il gioco può assumere solo un numero finito di forme.

[2]Infatti ad ogni mossa almeno un quadratino della tavoletta viene mangiato.

[3]Infatti uno dei due giocatori dovrà mangiare l'ultimo quadratino.

Delucchi E., Gaiffi G., Pernazza L.: Giochi e percorsi matematici
DOI 10.1007/978-88-470-2616-2_2, © Springer-Verlag Italia 2012

nella direzione naturale, tornare ad una configurazione precedentemente visitata. In sintesi, il grafo di un gioco combinatorio finito ha un numero finito di configurazioni e non ha cicli.

Viceversa, ogni volta che ci capiterà di considerare un gioco deterministico a informazione perfetta, senza patte e mosse nulle, e osserveremo che il suo grafo ha un numero finito di configurazioni e non ha cicli, potremo concludere che si tratta di un gioco combinatorio finito.

Ora vogliamo dimostrare che in un gioco combinatorio finito si possono, in linea di principio, seguire tutte le possibili evoluzioni di ogni configurazione e di conseguenza etichettarla come 'vincente' o 'perdente'. In altre parole risponderemo affermativamente alla Domanda 1.2 (e quindi alla 1.3) per tutti i giochi combinatori finiti.

Teorema 2.2 *In un gioco combinatorio finito ogni configurazione è vincente o perdente.*

Dimostrazione. Nel grafo di un gioco combinatorio finito ci devono essere delle configurazioni 'finali', ossia da cui non è più possibile fare alcuna mossa (altrimenti i giocatori potrebbero non smettere mai di giocare e fare per esempio più mosse di quante sono le configurazioni del grafo, ma questo vorrebbe dire che c'è un ciclo...). Chiamiamo dunque F l'insieme, non vuoto, delle configurazioni finali. Ognuna di esse, in base alle regole del gioco, sarà V-incente o P-erdente per il giocatore che deve muovere (visto che le 'patte' non sono ammesse).

Esercizio 2.3 Nel Chomp c'è un'unica configurazione finale, quale?

Adesso consideriamo le altre configurazioni del gioco, e classifichiamole così: chiamiamo $S(1)$ l'insieme di tutte le configurazioni dalle quali, comunque si muova, in una mossa si arriva ad una configurazione di F. Poi chiamiamo $S(2)$ l'insieme di tutte le configurazioni tali che esiste almeno un percorso di due mosse che le porta ad una configurazione in F e non esistono percorsi più lunghi. E così via... chiameremo $S(d)$ l'insieme di tutte le configurazioni tali che esiste almeno un percorso di d mosse che le porta ad una configurazione in F e ogni altro percorso che le porta ad una configurazione in F richiede un numero di mosse minore o uguale a d. Visto che il grafo è finito, giunti ad un certo $S(n)$ ci accorgeremo che ogni configurazione non finale del gioco appartiene ad uno degli insiemi $S(1), S(2), \ldots, S(n)$, che sono a due a due disgiunti.

Esercizio 2.4 Supponiamo che nel grafo del nostro gioco non ci siano solo configurazioni finali. Dimostrare che l'insieme $S(1)$ non è vuoto.

Studiamo ora una configurazione $\mathcal{S}$ in $S(1)$: se muovendo da essa si può arrivare ad almeno una configurazione finale P-erdente (per il giocatore successivo), possiamo etichettarla con una V (è vincente per il giocatore che deve muovere). Altrimenti, significa che muovendo da essa si arriva solo a configurazioni finali V-incenti, e la etichettiamo con una P. Con questa regola possiamo dare una etichetta a tutte le configurazioni in $S(1)$.

Consideriamo poi una configurazione $\mathcal{T}$ in $S(2)$: per come è stato definito $S(2)$, qualsiasi mossa che parte da $\mathcal{T}$ conduce ad una configurazione di $S(1)$ o di F – in ogni caso, configurazioni che hanno già una etichetta. Se fra queste ne troviamo una etichettata con la P, allora etichettiamo $\mathcal{T}$ con una V, altrimenti deduciamo che $\mathcal{T}$ è perdente e la etichettiamo con una P. Osserviamo dunque che in questo modo possiamo dare una etichetta a tutte le configurazioni in $S(2)$. Continuiamo con $S(3)$, $S(4)$ e tutti gli insiemi seguenti, mettendo etichette con la solita regola, fino ad aver dato una etichetta a tutte le configurazioni del gioco[4]. $\square$

Abbiamo dunque dimostrato che ogni gioco combinatorio finito è in qualche modo 'deciso in partenza': la configurazione iniziale è etichettata nel grafo del gioco con una V o con una P. Nel primo caso, il giocatore che inizia, se gioca bene, vince; nel secondo caso, se il secondo giocatore gioca bene, il primo giocatore perde, comunque giochi.

2.2 La teoria della mossa rubata

Torniamo ad occuparci del Chomp, e rispondiamo alla Domanda 1.4 sulla possibilità per il primo giocatore di vincere sempre. Cerchiamo innanzitutto di chiarire cosa intendevamo dire quando parlavamo del fatto che egli ha a disposizione una mossa 'speciale' (ossia mangiare alla prima mossa il solo quadratino in alto a destra).

Come sempre ci converrà dare una definizione che si adatti a casi più generali. Considerato un gioco combinatorio finito, chiamiamo $\mathcal{J}$ l'insieme delle configurazioni del gioco che è possibile raggiungere con una sola mossa dalla configurazione iniziale. Si dice *pivot (o configurazione pivot) di un gioco* una configurazione $M \in \mathcal{J}$ dalla quale in una mossa si possono raggiungere solo configurazioni che sono in $\mathcal{J}$.

Supponiamo ora di avere a che fare con un gioco combinatorio finito che ammette un pivot. Consideriamo una configurazione pivot e immaginiamo che il primo giocatore con la sua prima mossa porti il gioco su questa configurazione: se è contrassegnata da una *P*, allora il primo giocatore ha intrapreso una strategia vincente; se invece è contrassegnata da una *V*, il secondo giocatore potrebbe con una mossa spostare il gioco su una configurazione etichettata da una *P*. Ma questa configurazione *P*-erdente può essere raggiunta, per definizione di pivot, anche dal primo giocatore già con la prima mossa. In altre parole se il secondo giocatore avesse una strategia di vittoria, il primo potrebbe 'rubargliela'. E quindi possiamo trarre la conclusione:

Teorema 2.5 *In ogni gioco combinatorio finito che possiede un pivot, il primo giocatore ha una strategia vincente.*

Così anche stavolta, nell'intento di rispondere ad una domanda sul Chomp, abbiamo in realtà ottenuto, grazie al metodo di pensare al grafo del gioco, un risultato generale che utilizzeremo per molti dei giochi studiati nei prossimi capitoli.

Esercizio 2.6 Dimostrare che nel Chomp c'è un'unica configurazione pivot.

---

[4] Questa è la presentazione informale di una dimostrazione per induzione. Chi vuole, provi per esercizio a riscriverla in maniera formale; si veda anche il Capitolo 4.

2.3 Cenni sulla tattica

A questo punto sappiamo che nel Chomp (e in ogni gioco combinatorio finito che possiede un pivot), il primo giocatore, se gioca bene, vince; resta però aperta la Domanda 1.5 su quali siano precisamente le mosse che lo portano alla vittoria.

Può aiutarci in questo il grafo del gioco? Non molto: questo grafo infatti è tanto più grande (e quindi tanto più scomodo da usare per studiare tattiche concrete) quante più sono le configurazioni possibili, e l'intuizione ci dice subito che il numero delle configurazioni cresce molto velocemente al crescere del numero di righe e di colonne. Le conteremo con precisione nel Capitolo 4 rispondendo alla Domanda 1.1, ma anticipiamo che, per esempio, un Chomp piuttosto 'piccolo' come quello di dimensioni 6 × 4 ammette già 210 configurazioni.

In realtà la risposta alla Domanda 1.5 in generale non è ancora nota! Ci limiteremo dunque a studiare alcuni interessanti casi particolari.

Cominciamo dal Chomp 2 × n. Consigliamo al lettore di provare a giocare qualche partita di prova.

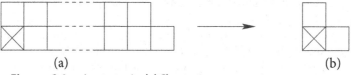

(a)   (b)

▲ **Figura 2.1**   La strategia del Chomp 2 × n

In questo caso, al primo giocatore conviene proprio, alla prima mossa, mangiare un solo quadratino. In tal modo raggiungerà una configurazione a 'scalino' come nella Fig. 2.1(a) (osserviamo che si tratta della configurazione pivot). Ora, qualsiasi sia la risposta del secondo giocatore, alla terza mossa chi ha cominciato può sempre ricreare la configurazione 'a scalino' per un Chomp più piccolo. Questa configurazione è perdente perché con questa tattica si arriva in un numero finito di mosse alla configurazione chiaramente perdente di Fig. 2.1(b). Si nota facilmente che la strategia appena descritta è in effetti l'unica possibilità di vittoria per il primo giocatore (dimostratelo!).

Anche per quel che riguarda il Chomp quadrato $n \times n$ si può individuare la strategia vincente per il primo giocatore: mangiare il quadrato di dimensione ($n-1$) × ($n-1$) a destra in alto, e poi, ad ogni mossa dell'avversario, fare la mossa 'simmetrica'. Abbiamo detto *la* strategia, perché si nota subito che è unica: ogni altra mossa iniziale dà al secondo giocatore la possibilità di vincere. Infatti, se con la prima mossa si staccasse un rettangolo che tocca il bordo sinistro o il bordo in basso, eccoci ridotti ad un Chomp più piccolo, che non è più quadrato ma in cui, come abbiamo dimostrato, vince il primo che muove, e a questo punto il primo a muovere è il secondo giocatore; se invece si staccasse un rettangolo che non tocca il bordo sinistro o il bordo in basso, allora il secondo giocatore potrebbe fare lui la mossa vincente finendo di staccare il quadrato ($n-1$) × ($n-1$) in alto a destra.

Ecco infine qualche altra informazione. Come abbiamo visto, la mossa iniziale vincente è unica per il Chomp 2 × n e $n \times n$. Uno studio dettagliato dei casi 4 × 5 e 4 × 6 mostra che anche in tali casi la mossa vincente è unica. Ma non funziona sempre così, anche se non è semplice da dimostrare: il più piccolo controesempio di mossa iniziale vincente non unica è il Chomp 8 × 10, mentre in generale per il Chomp 3 × n non è ancora noto quante siano le mosse iniziali vincenti a disposizione del primo giocatore. Vari esempi 3 × n 'piccoli' sono stati fatti calcolare ad un computer e si è visto che la mossa iniziale è comunque unica per $n \leq 100000$.

È più facile trovare esempi di strategie vincenti non uniche in posizioni non iniziali. Per esempio, se un giocatore ha di fronte una tavoletta di tipo $(3, 2, 1)$ come quella della Fig. 2.2, ha tre mosse vincenti... quali?

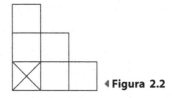
◀ Figura 2.2

La curiosità ci spinge a questo punto a chiederci: in quali Chomp una strategia vincente prevede che il primo giocatore faccia la mossa che lascia sul tavolo la configurazione pivot (ossia mangi il quadratino in alto a destra)? Tale mossa, come sappiamo, ha un ruolo 'teorico' importante nella dimostrazione che il primo giocatore vince sempre in tutti i Chomp, e per il Chomp 2 × n risulta anche vincente. Eppure, la sua utilità nella pratica si esaurisce forse qui: si congettura infatti che per un Chomp $n \times m$, con n e m maggiori o uguali a 3, fare questa mossa sia sempre perdente (ma non risulta che nessuno sia ancora riuscito a dimostrarlo in generale).

Per ulteriori approfondimenti rimandiamo per esempio all'articolo [9].

Capitolo 3
Variazioni sul tema

3.1 Il gioco dei divisori, ossia... l'iperChomp

Lasciamo (apparentemente) il Chomp e descriviamo ora un gioco che si svolge all'interno dell'insieme D dei divisori interi positivi di un numero intero dato, per esempio 120, e che chiameremo quindi *gioco dei divisori*. Il primo giocatore sceglie un divisore d del numero dato, e la sua 'mossa' consiste nel togliere dall'insieme D il numero d e tutti i suoi multipli. Il secondo giocatore ripete l'operazione con ciò che resta di D (deve comunque levare almeno un numero), e così via. Perde chi toglie il più piccolo divisore, cioè 1. Si può formulare questo gioco anche ricorrendo alla scomposizione del numero dato nei suoi fattori primi. Per esempio, siccome $120 = 2^3 \cdot 3 \cdot 5$, ogni suo divisore avrà la forma

$$2^\alpha \cdot 3^\beta \cdot 5^\gamma, \qquad 0 \le \alpha \le 3, \quad 0 \le \beta \le 1, \quad 0 \le \gamma \le 1.$$

Esercizio 3.1 Quindi quanti sono i divisori interi positivi di 120?

Una mossa del gioco consiste allora nello scegliere tre esponenti, diciamo a, b, c, e togliere dall'insieme dei divisori di 120, o da ciò che ne è rimasto dopo varie mosse, tutti i divisori che si scrivono come $2^\alpha \cdot 3^\beta \cdot 5^\gamma$ con $\alpha \ge a, \beta \ge b, \gamma \ge c$.

Osserviamo subito che anche in questo gioco, come nel Chomp, ad ogni turno i giocatori 'mangiano' qualcosa, più esattamente 'mangiano' sottoinsiemi di D. Ma il legame fra i due giochi è ancora più stretto.

Consideriamo un altro esempio: giochiamo con i divisori del numero $200 = 2^3 \cdot 5^2$. Come abbiamo visto, in questo gioco scegliere un numero $2^a \cdot 5^b$ implica il togliere tutti gli altri divisori della forma $2^x \cdot 5^y$ con $x \ge a, y \ge b$. Se si scrivono i divisori di 200 su una griglia 3×4 in modo che nella casella (i, j) ci sia il numero $2^i \cdot 5^j$ (come nella figura), si vede subito che il 'gioco dei divisori del 200' non è altro che un classico Chomp 3×4.

25	50	100	200
5	10	20	40
1	2	4	8

◄ **Figura 3.1** Lo schema per il gioco dei divisori di 200

In generale, con i numeri del tipo $n = p^a \cdot q^b$, dove p e q sono due numeri primi distinti, il gioco dei divisori di n è un Chomp $(a+1) \times (b+1)$.

In questo senso il gioco dei divisori è un ampliamento del Chomp, perché possiamo considerare giochi dei divisori con numeri che hanno più di due fattori primi diversi. Con numeri tipo $360 = 2^3 \cdot 3^2 \cdot 5$ la 'griglia' diventa tridimensionale e possiamo immaginare un parallelepipedo fatto di cubetti impilati che poi vengono

Delucchi E., Gaiffi G., Pernazza L.: Giochi e percorsi matematici
DOI 10.1007/978-88-470-2616-2_3, © Springer-Verlag Italia 2012

mangiati partendo da un vertice fissato... Il caso generale, 'n-dimensionale', ossia con n numeri primi diversi che compaiono nella fattorizzazione, viene chiamato *iperChomp*.

Ora è spontaneo chiedersi se anche negli iperChomp vale che il primo giocatore ha una strategia vincente.

Qui possiamo valutare pienamente l'utilità dell'esercizio di astrazione che abbiamo affrontato nel capitolo precedente. Invece di limitarci a rispondere alle domande che ci eravamo posti sul Chomp, abbiamo affrontato in generale la questione dell'esistenza di una strategia vincente per i giochi combinatori finiti. Inoltre abbiamo osservato la validità dell'argomento della mossa rubata per i giochi combinatori finiti che ammettono un pivot.

Questo ha come conseguenza che adesso non dobbiamo fare nessuna fatica: ci basta osservare che un iperChomp è un gioco combinatorio finito (la semplice verifica è lasciata per esercizio) e che ammette una (unica) configurazione pivot, ossia quella che il primo giocatore può ottenere mangiando un solo... 'ipercubetto'[1].

Vorremmo far notare che stiamo compiendo un processo tipico dell'attività matematica: partire dall'esame di un problema e scoprire che possiamo trarne delle conclusioni che si applicano in contesti più generali.

3.2 Buffet di biscotti: il gioco del Nim

Una delle particolarità del gioco del Chomp consiste nel fatto che il gioco ha un pivot. Vogliamo ora chiederci cosa succede se eliminiamo questa proprietà.

Cominciamo con il considerare un esempio appropriato – e cioè un gioco 'di tipo Chomp' ma che in generale *non* ha un pivot: il gioco del Nim.

Fedeli alle nostre metafore alimentari, descriviamo il Nim come la sfida tra due contendenti golosi di biscotti. I due giocatori si trovano davanti ad un certo numero n di piatti, ognuno dei quali contiene un certo numero dei biscotti di cui loro sono più ghiotti (diciamo che i piatti sono numerati, e che nell'i-esimo piatto ci sono, all'inizio, m_i biscotti). Ogni giocatore a turno deve scegliere un piatto e mangiare almeno un biscotto da esso. Poiché nessun biscotto è avvelenato, stavolta perde chi si ritrova davanti agli n piatti vuoti, e quindi non può più mangiare.

Esercizio 3.2 Dimostrare che questo gioco è combinatorio finito e che, se i piatti sono almeno due, non c'è un pivot.

Dalle considerazioni che abbiamo fatto in generale sul Chomp, traiamo dunque una conclusione e una domanda:

Conclusione 3.1 *Siccome il Nim è un gioco combinatorio finito, per ogni Nim dato esiste sempre una strategia vincente per uno dei due giocatori.*

---

[1]Per esempio, nel caso dei divisori del numero 360, la configurazione pivot è quella che si ottiene mangiando il numero 360.

Domanda 3.2 Come si può stabilire quale giocatore ha una strategia vincente?

Cominciamo a studiare i casi più semplici: per esempio, chi si trova a dover giocare per primo in un Nim a due piatti con lo stesso numero di biscotti su ogni piatto, ha chiaramente perso, perché ad ogni sua mossa l'avversario può rispondere con la mossa 'simmetrica'. Quindi in questo caso esiste una strategia vincente per il secondo giocatore. Se invece il numero dei biscotti sui due piatti non è lo stesso, esiste una strategia vincente per il primo (quale?).

Risolto il caso a due piatti, passiamo a tre piatti con quattro biscotti ciascuno. Si nota che il primo giocatore può vincere, e lo fa in un modo che funziona per tutti i Nim a tre piatti dove due piatti abbiano lo stesso numero di biscotti: abbuffandosi per svuotare il terzo piatto (vedi Fig. 3.2).

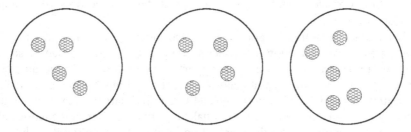

▲ **Figura 3.2**   Un Nim a tre piatti, di cui due con lo stesso numero di biscotti: $n = 3$, $m_1 = m_2 = 4$, $m_3 = 5$. Chi comincia ha una strategia vincente

Lasciamo al lettore il seguente 'gustoso' esercizio.

Esercizio 3.3 Come si può capire, in base ai dati iniziali di una partita di Nim, quale giocatore ha una strategia vincente? Per tale giocatore si può descrivere una precisa strategia vincente?

Senza voler rovinare il piacere dell'esercizio, diamo un suggerimento importante: definiremo qui di seguito la *Nim-somma*, che è l'ingrediente fondamentale per trovare la risposta giusta.

Come abbiamo visto, una configurazione di partenza del Nim è determinata dai numeri $m_1, m_2, \dots, m_n$ di biscotti che si trovano all'inizio sugli n piatti. La 'Nim-somma' dei numeri m_i si ottiene scrivendo i numeri m_i *espressi in base* 2 e disponendoli uno sopra l'altro come se si dovesse calcolare, appunto, la loro somma. Invece di fare la somma tradizionale, a questo punto si scrive 'sotto la riga' una p in ogni colonna dove compaiono un numero pari di 1 e una d in ogni colonna dove compaiono un numero dispari di 1[2].

Notiamo che la Nim-somma associata ad un gioco a due piatti con lo stesso numero di biscotti sarà sempre $ppp\cdots p$, mentre se i due piatti contengono un numero diverso di biscotti la Nim-somma conterrà dei d. La Nim-somma per il

---

[2]Normalmente si scrive 0 per p e 1 per d, così che la Nim-somma diventa una specie di 'somma in colonna senza riporto in base due'.

gioco di Fig. 3.2 sarà:

$$
\begin{array}{c c c c}
(4)_2 = & 1 & 0 & 0 \\
(4)_2 = & 1 & 0 & 0 \\
\underline{(5)_2 =} & 1 & 0 & 1 \\
& d & p & d
\end{array}
$$

L'idea è che la possibilità di vincere una 'partita' a Nim è legata al risultato della Nim-somma. Ed ora... tocca a voi[3]!

3.3 Il Chomp sui grafi

Come ultima variazione sul tema, vogliamo presentare una versione di Chomp che si gioca... sui *grafi*.

Abbiamo già incontrato il 'grafo di un gioco', definito come uno schema in cui le coppie di configurazioni che differiscono per una mossa consentita sono collegate da una freccia nella direzione opportuna. Questi schemi sono un caso particolare di una struttura combinatoria che pervade i più diversi ambiti della matematica: il *grafo*. Nel 'primo piano' del Capitolo 5 daremo una definizione precisa di grafo e ci avventureremo in qualche prima considerazione teorica al proposito. Per ora possiamo rimanere ad un livello intuitivo e stabilire che un grafo è una struttura formata da collegamenti (detti spigoli o *archi*[4]) che uniscono alcune coppie all'interno di un insieme dato di oggetti (detti *vertici*). Supponiamo che ogni arco colleghi due vertici distinti, e che due vertici siano collegati da al più un arco (ossia che il grafo sia *semplice*, secondo la terminologia che introdurremo più avanti).

Ogni grafo dà luogo ad uno speciale gioco del Chomp, nel seguente modo. Ogni giocatore al suo turno può mangiare un vertice o un arco. La regola è che se si mangia un arco, dal grafo si cancella l'arco in questione ma *non* i vertici da esso collegati. Se invece si mangia un vertice, bisogna cancellare *anche* tutti gli archi che lo toccano, in modo che non ci sia mai nel gioco un arco senza un vertice, e quindi che ad ogni stadio si crei effettivamente un buon grafo. Perde il giocatore che non ha più nulla da mangiare e si ritrova davanti al foglio bianco.

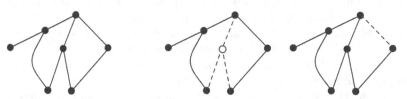

▲ **Figura 3.3** Un esempio di grafo, e due 'morsi' possibili nel suo Chomp

---

[3]Il lettore potrà confrontare la propria soluzione con quella che si trova nell'Appendice B.

[4]Nel caso del grafo di un gioco sono i tratti di penna che rappresentano le mosse; in generale però gli archi non sono necessariamente orientati, cioè non hanno una 'freccia'.

Se il grafo contiene solo un numero finito di archi e di vertici, il suo Chomp è chiaramente un gioco combinatorio finito ma, di nuovo, in generale non ha un pivot.

Domanda 3.1 Divertirsi a disegnare piccoli grafi (suggeriamo non più di 4 vertici) e trovare le corrispondenti strategie vincenti.

Cosa si può dire in generale sulla strategia per vincere il Chomp sui grafi?

Il lettore si accorgerà che il problema, al crescere del numero dei vertici, diventa piuttosto complesso. Alla fine del primo piano dedicato ai grafi (Capitolo 5) mostreremo come qualche considerazione teorica ci permetta di analizzare il Chomp sui grafi, almeno per alcune interessanti famiglie di grafi.

Capitolo 4
In primo piano: il principio di induzione

Nei primi capitoli sono apparse varie dimostrazioni 'per induzione'. Ci sembra importante approfondire la conoscenza di questa tecnica: ne daremo una presentazione informale e la illustreremo con qualche nuovo esempio.

4.1 Un passo dopo l'altro...

Innanzitutto 'in gioco' c'è un *predicato* $P(n)$, ossia una frase che contiene il simbolo n, da intendersi come variabile che 'varia' - appunto - fra i numeri naturali. Ma non una frase qualunque: per poterla chiamare *predicato* bisogna che, ogni volta che sostituiamo alla n un preciso numero naturale (per esempio $n = 6$), diventi una *proposizione*, ovvero una frase di cui ha senso dire se sia vera o falsa.

Esempio 4.1 Per esempio sono predicati:

$P_1(n)$: 'la somma dei primi n numeri interi positivi è $\frac{n(n+1)}{2}$;

$P_2(n)$: 'in un poligono regolare con n lati posso tracciare al massimo $n - 3$ diagonali che non si intersecano o si intersecano solo nei vertici';

$P_3(n)$: ' $2^n > n^2 + 3n + 1$';

$P_4(n)$: 'se ho due colori, rosso e blu, e voglio colorare i numeri dell'insieme $\{1, 2, \ldots, n\}$, posso farlo in 2^n modi diversi';

$P_5(n)$: 'consideriamo n (con $n \geq 2$) punti dati su una circonferenza in modo che i segmenti che li congiungono due a due siano in 'posizione generale', ovvero che all'interno del cerchio non ci sia nessun punto in cui si intersecano tre (o più) di essi. Allora questi segmenti suddividono l'interno del cerchio in 2^{n-1} regioni';

$P_6(n)$: 'n è un numero pari'.

Mentre *non* sono predicati:

$Q_1(n)$: 'quando piove n gatti';

$Q_2(n)$: 'n è maggiore di x' (con x che resta un simbolo non specificato).

Osservazione 4.2 Sottolineiamo che $P_3(n)$ e $P_6(n)$ sono predicati, anche se per esempio le proposizioni $P_3(0)$ e $P_6(5)$ sono false. Attenzione al predicato $P_5(n)$: si verifica facilmente che $P_5(2), P_5(3), P_5(4), P_5(5)$ sono proposizioni vere, mentre $P_5(6)$ è falsa e così le successive... vedi l'Esercizio 6.29.

Supponiamo di voler dimostrare che, per ogni numero naturale m maggiore o uguale di un certo numero naturale n_0 fissato, la proposizione $P(m)$ è vera. Il principio di induzione ci offre la possibilità di farlo in due passi:

- primo passo (o *passo base*): controlliamo la 'base dell'induzione', ossia verifichiamo che $P(n_0)$ sia vera;

- secondo passo (o *passo induttivo*): dimostriamo che, se per un qualsiasi $k \geq n_0$ la $P(k)$ è vera, allora è vera anche la 'successiva', ossia la $P(k + 1)$.

Delucchi E., Gaiffi G., Pernazza L.: Giochi e percorsi matematici
DOI 10.1007/978-88-470-2616-2_4, © Springer-Verlag Italia 2012

A questo punto l'intuizione ci dice che, comunque prendiamo un numero naturale m maggiore o uguale a n_0, la $P(m)$ è vera. Infatti:

$P(n_0)$ è vera perché è stato verificato come base dell'induzione;
    siccome è vera $P(n_0)$ allora è vera $P(n_0 + 1)$ (per il passo induttivo);
        siccome è vera $P(n_0 + 1)$ allora è vera $P(n_0 + 2)$ (per il passo induttivo);
            siccome è vera $P(n_0 + 2)$ allora è vera $P(n_0 + 3)$ (per il passo induttivo);
                siccome è vera $P(n_0+3)$ allora è vera $P(n_0+4)$ (per il passo induttivo);
                    ... e così via, fino a raggiungere in un numero finito di passi la $P(m)$
desiderata.

Le dimostrazioni per induzione sono proprio la formalizzazione di quel '... e così via'.

Proviamo ad esprimere in modo più preciso (pur lasciando a livello intuitivo la definizione di 'predicato') il ragionamento che abbiamo appena descritto:

Il principio di induzione. *Supponiamo che $P(n)$ sia un predicato che dipende da un numero naturale $n \in \mathbb{N}$. Se, dato un numero naturale n_0, vale che:*

(1) $P(n_0)$ è vera (base dell'induzione);
(2) preso un qualsiasi $k \geq n_0$, se è vera la $P(k)$ allora è vera anche la $P(k+1)$
    (passo induttivo: la $P(k)$ si chiama ipotesi induttiva);

allora possiamo concludere che: '$P(m)$ è vera per ogni $m \geq n_0$'.

Come potete notare, nell'enunciare il principio di induzione non abbiamo premesso la voce 'Teorema', o 'Proposizione'. Per noi è un assioma, ossia un fatto non dimostrabile che assumiamo come vero. In effetti il principio di induzione fa parte delle proprietà fondamentali della nostra intuizione dei numeri naturali, così come il fatto che ogni numero naturale n ha un successore $n + 1$.

Esempio 4.3 Dimostriamo la validità di $P_1(n)$ per ogni numero naturale positivo. Ovvero, dimostriamo che, per ogni numero naturale positivo n, la somma dei numeri interi maggiori o uguali a 1 e minori o uguali a n è $\frac{n(n+1)}{2}$:

$$\sum_{i=1}^{n} i = \frac{n(n+1)}{2},$$

dove abbiamo utilizzato il simbolo di sommatoria.[1]
(1) *Base dell'induzione.* Per prima cosa si verifica che per $n = 1$ l'affermazione è vera. Infatti

$$\sum_{i=1}^{1} i = 1 = \frac{1(1+1)}{2}.$$

---

[1] In generale, dati dei numeri $a_1, a_2, \ldots, a_n$, il simbolo $\sum_{i=1}^{n} a_i$, 'somma per i che varia fra 1 ed n di a_i', è un modo per scrivere $a_1 + a_2 + \cdots + a_n$. Il lettore lo incontrerà altre volte in questo volume.

(2) *Passo induttivo.* Supponiamo di sapere che, per un certo intero $k \geq 1$, valga $P_1(k)$, ovvero che:

$$\sum_{i=1}^{k} i = \frac{k(k+1)}{2}.$$

Usando questa ipotesi (l'"ipotesi induttiva") vogliamo dimostrare $P(k+1)$:

$$\sum_{i=1}^{k+1} i = \frac{(k+1)(k+1+1)}{2}.$$

Procediamo e scriviamo $\sum_{i=1}^{k+1} i$ spezzando la somma così:

$$\sum_{i=1}^{k+1} i = \left(\sum_{i=1}^{k} i \right) + (k+1).$$

Ma l'ipotesi induttiva ci permette di scrivere, al posto di $\left(\sum_{i=1}^{k} i \right)$, il numero $\frac{k(k+1)}{2}$.
Dunque otteniamo

$$\sum_{i=1}^{k+1} i = \frac{k(k+1)}{2} + k + 1$$

che, riorganizzando il secondo membro, è proprio

$$\sum_{i=1}^{k+1} i = \frac{(k+1)(k+2)}{2}$$

come volevamo. La dimostrazione per induzione è conclusa.

Esempio 4.4 Consideriamo ora il predicato $P_3(n)$ definito all'inizio. Determiniamo per quali numeri naturali n si ha che $P_3(n)$ è vera, ossia per quali n vale $2^n > n^2 + 3n + 1$.

Con dei tentativi scopriamo subito che la disuguaglianza non è vera per $n = 0, 1, 2, 3, 4, 5$, mentre è vera per $n = 6$ in quanto $2^6 = 64 > 6^2 + 3 \cdot 6 + 1 = 55$. Si verifica inoltre che è vera anche per $n = 7, 8, 9$ e che la differenza fra il membro di sinistra e quello di destra della disuguglianza è sempre più grande. Siamo allora portati a sospettare che la disuguaglianza valga per ogni $n \geq 6$.
Proviamo allora a dimostrare per induzione che:

per ogni $n \geq 6$ vale $2^n > n^2 + 3n + 1$.

La base dell'induzione, ossia il caso $n = 6$, è stata già verificata.

Per compiere il passo induttivo sia ora k un intero maggiore o uguale a 6. Supponiamo di sapere che (ipotesi induttiva):

$$2^k > k^2 + 3k + 1$$

e mostriamo che da questo si può ottenere:

$$2^{k+1} > (k+1)^2 + 3(k+1) + 1.$$

Innanzitutto osserviamo che $2^{k+1} = 2 \cdot 2^k$ e allora, usando l'ipotesi induttiva, possiamo scrivere:

$$2^{k+1} = 2 \cdot 2^k > 2(k^2 + 3k + 1).$$

A questo punto ci rendiamo conto che se è vera la disuguaglianza:

$$2(k^2 + 3k + 1) > (k+1)^2 + 3(k+1) + 1$$

abbiamo finito perché abbiamo la catena di disuguaglianze:

$$2^{k+1} = 2 \cdot 2^k > 2(k^2 + 3k + 1) > (k+1)^2 + 3(k+1) + 1.$$

Mostriamo dunque che

$$2(k^2 + 3k + 1) > (k+1)^2 + 3(k+1) + 1.$$

Con qualche calcolo si nota che ciò equivale a

$$2k^2 + 6k + 2 > k^2 + 2k + 1 + 3k + 3 + 1 = k^2 + 5k + 5$$

che, semplificando ancora, diventa:

$$k^2 + k > 3.$$

Ma, visto che stiamo considerando i valori k maggiori o uguali a 6 quest'ultima disuguaglianza è vera (infatti $k^2 + k \geq k \geq 6 > 3$).

4.2 Un'applicazione: le configurazioni del Chomp

Torniamo ora ad occuparci di Chomp: è rimasta in sospeso la Domanda 1.1 sul numero di configurazioni di un Chomp $n \times m$. Abbiamo già intuito che il grafo del gioco cresce in complessità molto rapidamente al crescere dei lati della tavoletta di cioccolata. Ora possiamo contare con precisione le configurazioni possibili.

Teorema 4.5 *Le possibili configurazioni di un Chomp con n righe e m colonne sono*[2]

$$\frac{(m+n)(m+n-1)\cdots(m+1)}{n!}.$$

---

[2]Ricordiamo che, dato il numero intero positivo n, si indica con $n!$ il prodotto di tutti gli interi positivi compresi fra 1 e n, per esempio

$$6! = 6 \cdot 5 \cdot 4 \cdot 3 \cdot 2 \cdot 1.$$

In particolare $2! = 2$, $1! = 1$. Per convenzione si pone inoltre $0! = 1$.

Dimostrazione. Per prima cosa stabiliamo una notazione: data una configurazione del gioco, chiamiamo a_n il numero di quadretti di cioccolata che restano nell'ultima riga in basso, a_{n-1} il numero di quelli che sono nella penultima, a_{n-2} per la terzultima e così via fino alla prima riga in alto che contiene a_1 quadretti.

Ora osserviamo che con le mosse regolamentari possiamo ottenere tutte e sole le configurazioni in cui

$$m \geq a_n \geq a_{n-1} \geq \cdots \geq a_2 \geq a_1 \geq 0.$$

Pensiamo infatti a due righe della nostra tavoletta di cioccolata. Qualsiasi morso di un giocatore, in base alle regole, non può staccare dalla riga più in basso più quadratini di quanti ne stacchi dalla riga più in alto. Questo mostra che ogni configurazione soddisfa

$$m \geq a_n \geq a_{n-1} \geq \cdots \geq a_2 \geq a_1 \geq 0.$$

Esercizio 4.6 Dimostrare anche il viceversa, ossia che, dati dei numeri a_n, a_{n-1}, ..., a_1 che soddisfano

$$m \geq a_n \geq a_{n-1} \geq \cdots \geq a_2 \geq a_1 \geq 0$$

è possibile ottenere la configurazione del gioco che ha la righe di lunghezza $a_n, a_{n-1}, \ldots, a_1$.

Quindi il nostro compito è stabilire in quanti modi diversi possiamo scrivere una lista non crescente di n numeri compresi fra 0 e m (eventualmente con ripetizioni). La possibilità di ammettere ripetizioni può far apparire il conto abbastanza complicato. Allora ricorriamo ad uno stratagemma. A partire dalla nostra lista

$$a_n \geq a_{n-1} \geq \cdots \geq a_2 \geq a_1,$$

ne generiamo un'altra così:

$$a_n + n > a_{n-1} + n - 1 > \cdots > a_2 + 2 > a_1 + 1.$$

Adesso i numeri che compaiono sono tutti distinti; inoltre $a_n + n \leq m + n$ e $a_1 + 1 \geq 1$. Viceversa, data una simile lista di numeri tutti distinti compresi fra 1 e $m + n$, sottraendo n al più grande, $n - 1$ al secondo, eccetera, si ritrova una lista del primo tipo. Quindi abbiamo sostituito il problema originale con uno equivalente (questo è tipico dei problemi del contare: se si trova una difficoltà si cerca di affrontare il conto da un altro punto di vista): quanti sono i possibili modi di scegliere n numeri interi positivi *tutti distinti* fra loro e minori o uguali a $m + n$? Il vantaggio è che adesso possiamo esprimere questa domanda in termini di sottoinsiemi: quanti sono i sottoinsiemi dell'insieme $\{1, 2, \ldots, m + n\}$ che hanno esattamente n elementi? Chi già conosce i coefficienti binomiali, sa che la risposta è il numero

$$\binom{m + n}{n} = \frac{(m + n)!}{n! m!} = \frac{(m + n)(m + n - 1) \cdots (m + 1)}{n!}.$$

Chi non ha mai visto il simbolo a sinistra, può leggere nel prossimo paragrafo la sua presentazione, accompagnata da una interessante dimostrazione per induzione. $\qquad\square$

4.3 I coefficienti binomiali

Dato un insieme X finito con n elementi ($n \geq 0$), e dato un intero r tale che $0 \leq r \leq n$, qual è il numero dei sottoinsiemi di X che hanno esattamente r elementi?

Questo numero merita un nome e un simbolo,

$$\binom{n}{r}$$

(che si legge: 'coefficiente binomiale n su r'), vista la sua cruciale importanza nelle strategie che servono per 'contare' (come abbiamo appena visto, per esempio, nel calcolare il numero delle configurazioni del Chomp)[3].

Quindi, per esempio, se abbiamo un mazzo di 40 carte, diremo che ad un giocatore possono capitare $\binom{40}{5}$ diverse 'mani' di 5 carte.

Esercizio 4.7 Verificare che $\binom{8}{2} = 28$, ossia che i sottoinsiemi di $\{1, 2, 3, 4, 5, 6, 7, 8\}$ che hanno due elementi sono 28.

Cominciamo subito ad osservare alcune proprietà dei coefficienti binomiali:

- $\binom{n}{0} = 1$ per ogni $n \in \mathbb{N}$. Infatti dato un qualunque insieme finito X, questo ha un solo sottoinsieme con 0 elementi, ossia l'insieme vuoto $\varnothing$[4]. In particolare vale $\binom{0}{0} = 1$. Si osserva subito anche che $\binom{n}{n} = 1$ per ogni $n \in \mathbb{N}$.

- Per $n \geq 1$, vale $\binom{n}{1} = n$. Infatti, dato un insieme X con n elementi, i sottoinsiemi che stiamo contando sono i 'singoletti' $\{a\}$, al variare di $a \in X$.

- $\binom{n}{n-1} = n$ per ogni $n \geq 1$. Infatti, per n positivo deve valere $\binom{n}{n-1} = \binom{n}{1}$: dato X con n elementi, i suoi sottoinsiemi con 1 elemento sono tanti quanti i sottoinsiemi con $n - 1$ elementi. La corrispondenza biunivoca è data dall'operazione di prendere il complementare in X[5].

- Più in generale, dato $0 \leq r \leq n$, vale che $\binom{n}{r} = \binom{n}{n-r}$. Anche questa volta l'operazione di prendere il complementare stabilisce una corrispondenza biunivoca fra i sottoinsiemi di X con r elementi e quelli con $n - r$ elementi.

---

[3]Il nome *coefficienti binomiali* deriva dalla comparsa di questi numeri come *coefficienti* nello sviluppo di $(a + b)^n$, la potenza n-esima del *binomio* $a + b$. Si tratta del teorema di Newton che il lettore troverà enunciato nell'Esercizio 6.22.

[4]L'insieme vuoto è un sottoinsieme di ogni insieme. Se questa affermazione lascia sulle prime un po' perplessi, si pensi a come è definito esattamente un sottoinsieme. Dati due insiemi A e B si dice che A è un sottoinsieme di B se ogni elemento di A appartiene anche a B: ossia, se in A non ci sono elementi che non appartengono a B. Certo nell'insieme vuoto $\varnothing$ non ci sono elementi che non appartengono a B: infatti in $\varnothing$ non ci sono elementi! Dunque $\varnothing$ è un sottoinsieme di B.

[5]Ricordiamo che una corrispondenza biunivoca (o funzione biunivoca) fra due insiemi A e B è una funzione $f : A \to B$ che soddisfa la seguente proprietà: per ogni $b \in B$ esiste uno ed un solo $a \in A$ tale che $f(a) = b$.

Ed ecco infine una formula esplicita per $\binom{n}{r}$ (quella che abbiamo chiamato in causa nel Teorema 4.5), dimostrata per induzione:

Teorema 4.8 *Dati $n, r \in \mathbb{N}$, con $0 \le r \le n$, vale che*

$$\binom{n}{r} = \frac{n!}{r! \, (n-r)!}.$$

Dimostrazione. Consideriamo il predicato

$$P(n) : \quad \text{per ogni } r \text{ con } 0 \le r \le n \text{ vale } \binom{n}{r} = \frac{n!}{r! \, (n-r)!}.$$

Si verifica subito che la proposizione $P(0)$ è vera (l'unico valore possibile per r è 0).

Supponiamo ora che per un certo $k \ge 0$ sia vera la $P(k)$, ossia supponiamo che, per ogni j con $0 \le j \le k$ valga

$$\binom{k}{j} = \frac{k!}{j! \, (k-j)!},$$

e cerchiamo di dimostrare, per ogni s tale che $0 \le s \le k+1$, la formula

$$\binom{k+1}{s} = \frac{(k+1)!}{s! \, (k+1-s)!}. \tag{4.1}$$

Se $s = 0$ o $s = k+1$ la verifica è immediata. Se invece $1 \le s \le k$ allora mostreremo che

$$\binom{k+1}{s} = \binom{k}{s} + \binom{k}{s-1}. \tag{4.2}$$

Da questo, usando l'ipotesi induttiva, la formula (4.1) segue facilmente (lasciamo la verifica al lettore).

Il nostro compito principale consiste dunque nel dimostrare la (4.2). Per calcolare $\binom{k+1}{s}$ consideriamo un insieme Y con $k+1$ elementi e contiamo i suoi sottoinsiemi che hanno s elementi. Poiché $k+1 > 0$ l'insieme Y non è vuoto. Scegliamo un elemento a di Y. Possiamo dividere i sottoinsiemi di Y che hanno s elementi in due tipi: quelli che contengono a e quelli che non lo contengono. Ora, un sottoinsieme con s elementi che contiene a è univocamente determinato se si dice quali sono gli altri elementi (quelli diversi da a) che contiene; tali elementi costituiscono un sottoinsieme di cardinalità $s-1$ di $Y - \{a\}$. Dunque i sottoinsiemi del primo tipo sono $\binom{k}{s-1}$. Analogamente si osserva che scegliere un sottoinsieme di Y di cardinalità s che non contiene a equivale a scegliere un sottoinsieme di $Y - \{a\}$ di cardinalità s, dunque i sottoinsiemi del secondo tipo sono $\binom{k}{s}$. La formula (4.2) è dimostrata. □

Osservazione 4.9 La formula (4.2) è il motivo per cui possiamo disporre i coefficienti binomiali in modo da formare il cosiddetto 'Triangolo di Pascal-Tartaglia':

$$
\begin{array}{ccccccccccccc}
 & & & & & & 1 & & & & & & \\
 & & & & & 1 & & 1 & & & & & \\
 & & & & 1 & & 2 & & 1 & & & & \\
 & & & 1 & & 3 & & 3 & & 1 & & & \\
 & & 1 & & 4 & & 6 & & 4 & & 1 & & \\
 & 1 & & 5 & & 10 & & 10 & & 5 & & 1 & \\
\cdots & & \cdots & & \cdots & & \cdots & & \cdots & & \cdots & & \cdots
\end{array}
$$

Nella riga n-esima abbiamo collocato i coefficienti binomiali $\binom{n}{1}, \binom{n}{2}, \ldots, \binom{n}{n}$ (il vertice del triangolo lo consideriamo come la 'riga 0-esima'). Dalla terza riga in poi, ogni numero interno al triangolo coincide appunto, come ci garantisce la (4.2), con la somma dei due numeri più vicini a lui fra quelli che si trovano nella riga sopra la sua.

Capitolo 5
In primo piano: la teoria dei grafi

In questo capitolo vogliamo concentrarci sul concetto di grafo, che abbiamo finora incontrato in modo informale.

La precisazione della definizione e il conseguente passaggio ad un piano più astratto ci permetteranno di fare una prima incursione in un settore della matematica particolarmente attivo e ricco di applicazioni: la teoria dei grafi. Dedicheremo in tutto due 'primi piani' a questo argomento. Dapprima, nel presente capitolo, ne daremo le fondamenta di carattere combinatorio. Nel Capitolo 22 avremo poi occasione di avvantaggiarci della solidità di queste fondamenta per discutere altri aspetti della teoria dei grafi, legati alla 'geometria delle forme' (la *topologia*).

5.1 Definizioni

Osservando l'uso che ne abbiamo fatto nell'analisi del Chomp, ci rendiamo conto che il grafo del gioco, più che un particolare insieme di punti e linee di inchiostro sulla carta, è piuttosto una struttura astratta fatta di un insieme di 'oggetti' (configurazioni del gioco, nel nostro caso) che, a due a due, possono essere 'collegati' (da una mossa consentita, nel nostro caso). È questo concetto astratto di grafo che vogliamo rendere preciso, senza riferirci a particolari concrete rappresentazioni grafiche che possono risultare ingannevoli come in Fig. 5.1.

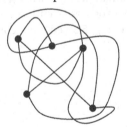  

▲ **Figura 5.1**   Tre rappresentazioni dello stesso grafo astratto

Definizione 5.1 Un *grafo finito* G è una coppia ordinata di insiemi finiti $(\mathcal{V}, \mathcal{E})$ con una funzione t che associa ad ogni elemento e di $\mathcal{E}$ un sottoinsieme non vuoto $t(e) \subseteq \mathcal{V}$ con al più due elementi. Chiamiamo $\mathcal{V}$ l'insieme dei *vertici* e $\mathcal{E}$ l'insieme degli *archi* di G. Per ogni arco e gli elementi di $t(e)$ sono detti *estremi* di e.

Due vertici $u, v \in \mathcal{V}$ sono detti *adiacenti* (o *connessi da un arco*) se $\{u, v\} = t(e)$ per qualche arco $e \in \mathcal{E}$. Un vertice v è *incidente* con un arco e se $v \in t(e)$.

Quando sarà necessario specificarlo, chiameremo $\mathcal{V}(G)$ e $\mathcal{E}(G)$ l'insieme dei vertici o degli archi del grafo G, e t_G la funzione associata.

Un grafo H è un *sottografo* del grafo G se $\mathcal{V}(H) \subseteq \mathcal{V}(G)$, $\mathcal{E}(H) \subseteq \mathcal{E}(G)$ e la funzione t_H è la restrizione di t_G su $\mathcal{E}(H)$ (ovvero $t_H(e) = t_G(e)$ per ogni $e \in \mathcal{E}(H)$).

Delucchi E., Gaiffi G., Pernazza L.: Giochi e percorsi matematici
DOI 10.1007/978-88-470-2616-2_5, © Springer-Verlag Italia 2012

In questo libro considereremo per lo più grafi con un numero finito di vertici e archi: da ora in poi con 'grafo' intenderemo 'grafo finito', salvo ulteriore specificazione.

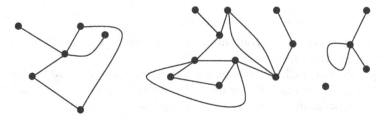

▲ **Figura 5.2**   Un grafo finito

Definizione 5.2 Una classe speciale di grafi è quella dei grafi *semplici*, ovvero quelli per cui la funzione t è iniettiva[1] e $t(e)$ ha sempre due elementi. Intuitivamente, un grafo semplice non ha 'archi multipli' (iniettività di t) né 'cappi' (nessun arco comincia e finisce nello stesso vertice).

Osservazione 5.3 A volte ci converrà considerare grafi in cui gli archi abbiano una 'direzione' (come abbiamo visto per esempio nel grafo associato al Chomp). Tali grafi sono detti *grafi orientati*, e in essi gli archi sono detti anche *frecce* o *archi orientati*. Una definizione formalmente corretta si ottiene sostituendo alla funzione t una *coppia* di funzioni $a : \mathcal{E} \to \mathcal{V}$ e $b : \mathcal{E} \to \mathcal{V}$ che per ogni arco e individuano la coda $a(e)$ e la punta $b(e)$ della freccia.

Esempio 5.4 Ad ogni poliedro è associato un grafo, chiamato il suo *scheletro*, che ha come vertici i vertici del poliedro, e dove due vertici sono adiacenti se e solo se sono gli estremi di uno spigolo del poliedro. Nella Fig. 5.3 vediamo, come esempio, un dodecaedro con il suo scheletro.

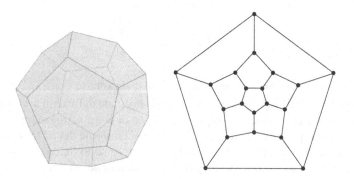

▲ **Figura 5.3**   Un dodecaedro e il suo scheletro

---

[1]Ossia se e_1 e e_2 sono due archi distinti allora l'insieme $t(e_1)$ è diverso dall'insieme $t(e_2)$.

▲ Figura 5.4   Rimozione di un vertice e di un arco da un grafo

Esempio 5.5 Dato un grafo $G = (\mathcal{V}, \mathcal{E})$ e un arco $e \in \mathcal{E}$, il grafo $H = (\mathcal{V}, \mathcal{E} \setminus \{e\})$ con t_H definita come la restrizione di t_G è un sottografo di G. Si dice che H è ottenuto da G *rimuovendo l'arco e.*

L'operazione di rimozione di un vertice $v \in \mathcal{V}$ è meno banale: infatti, la coppia $(\mathcal{V} \setminus \{v\}, \mathcal{E})$ in generale non definisce un buon sottografo, poiché la restrizione di t_G non è definita per gli archi incidenti con v. Per riparare a questo inconveniente, il grafo ottenuto per *rimozione di un vertice v da G* è definito dalla coppia $(\mathcal{V} \setminus \{v\}, \mathcal{E}')$, dove $\mathcal{E}' = \{e \in \mathcal{E} \mid v \notin t(e)\}$ è l'insieme $\mathcal{E}$ diminuito di tutti gli archi incidenti con v.

Già nella nostra discussione del Chomp abbiamo visto l'importanza di poter esprimere concetti riferiti a 'cammini' che si svolgono lungo archi del grafo. Diamone dunque una definizione precisa.

Definizione 5.6 Sia n un numero intero positivo. Un *percorso* di lunghezza n in un grafo G è una sequenza ordinata $e_1, \ldots, e_n$ di archi di G, con un'associata sequenza di vertici $v_0, \ldots, v_n$ tale che due archi consecutivi e_i, e_{i+1} sono incidenti al vertice v_i e che e_i ha estremi v_{i-1}, v_i, per tutti gli $i = 1, \ldots, n$.

I vertici v_0 e v_n sono gli *estremi* del percorso, e si dice che il percorso *attraversa* gli archi $e_1, \ldots, e_n$. Un percorso è *chiuso* se $v_0 = v_n$, e in tal caso è chiamato *circuito*. Un percorso è *semplice* se tutti i vertici $v_0, \ldots, v_n$ sono distinti (in particolare un percorso semplice non può essere chiuso). Un *ciclo* in G è un circuito dove i vertici $v_1, \ldots, v_n$ e gli archi $e_1, \ldots, e_n$ sono tutti distinti fra loro.

Osservazione 5.7 Se G è un grafo semplice, allora un percorso è individuato univocamente dalla lista ordinata dei vertici.

Esercizio 5.8 Mostrare che, in un grafo semplice, un ciclo ha sempre almeno tre vertici.

Osservazione 5.9 Se G è un grafo orientato, potremo definire *percorso orientato* una sequenza di frecce e vertici come sopra, tale che per ogni $i = 1, \ldots, n$ la freccia e_i soddisfi $a(e_i) = v_{i-1}$, $b(e_i) = v_i$. Un ciclo orientato è quindi definito di conseguenza.

Definizione 5.10 Un grafo G è *connesso* se per ogni coppia di suoi vertici x, y esiste un percorso in G con estremi x, y. In caso contrario, G si dice *sconnesso* (o *disconnesso*). Una *componente connessa* di G è un sottografo connesso massimale (ovvero: non esiste alcun sottografo connesso di G che lo contenga e sia diverso da lui). Chiameremo $c(G)$ il numero delle componenti connesse di G.

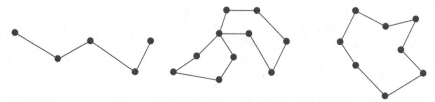

▲ **Figura 5.5** Da sinistra a destra: un percorso semplice, un circuito e un ciclo

Esempio 5.11 Il grafo di Fig. 5.2 ha 4 componenti connesse.

Vogliamo ora introdurre una nozione di connessione 'più forte' che sarà utile nei prossimi capitoli.

Definizione 5.12 Un grafo G è detto *biconnesso* se ha almeno 3 vertici e se, comunque si scelga un vertice v, il grafo ottenuto rimuovendo v da G è connesso.

L'esempio più facile di grafo biconnesso è quello di un grafo semplice che consista di un solo ciclo. Chiaramente rimuovere un solo vertice non basta per sconnetterlo!

Definizione 5.13 Un grafo connesso che non contiene cicli è detto *albero*. Un grafo in cui ogni componente connessa è un albero si chiama *foresta*.

Continuando con la terminologia 'botanica', in un grafo chiameremo *foglia* ogni vertice incidente con un solo arco.

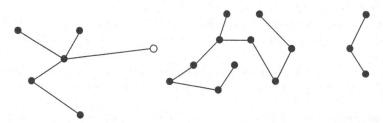

▲ **Figura 5.6** Un disegno di una foresta nel piano. Ogni componente connessa è un albero, e il vertice evidenziato è un esempio di foglia

Osservazione 5.14 Un fatto molto importante riguardo agli alberi è che *ogni albero con almeno due vertici possiede almeno due foglie*.

Infatti un albero T con almeno due vertici, essendo connesso, possiede almeno un arco. Quindi contiene un percorso semplice di lunghezza almeno 1. Possiamo considerare dunque un percorso semplice di lunghezza massima in T e chiamare a, b i suoi estremi. Se a (oppure b) fosse incidente con più di un arco, potremmo aggiungere un arco al nostro percorso ottenendo ancora un percorso semplice (perché T, essendo un albero, non contiene cicli). Ma allora avremmo un percorso semplice più lungo... di un percorso semplice di lunghezza massima: una contraddizione, che ci mostra che a e b devono essere incidenti ad esattamente un arco ciascuno, concludendo la dimostrazione.

5.2 Il Primo Teorema sui grafi

Diamo subito una nuova definizione, che ci permetterà di enunciare il nostro primo teorema.

Definizione 5.15 Dato un grafo G e un vertice $v \in \mathcal{V}(G)$, chiameremo *valenza* (o *grado*) di v in G il numero $d(v)$ di archi incidenti con v. I *cappi* di v, ovvero gli archi e con $t(e) = \{v\}$, contano doppio. Formalmente,

$$d(v) = |\{e \in \mathcal{E} \mid v \in t(e)\}| + |\{e \in \mathcal{E} \mid t(e) = \{v\}\}|.$$

Usiamo qui, come nel seguito, il simbolo $|X|$ per esprimere il numero di elementi di un insieme X.

Quello che segue è chiamato spesso 'il primo teorema della teoria dei grafi', sia perché è forse uno dei teoremi più semplici da enunciare e dimostrare, sia perché sta alla base di gran parte della teoria.

Teorema 5.16 *Sia $G = (\mathcal{V}, \mathcal{E})$ un grafo. Allora*

$$2|\mathcal{E}| = \sum_{v \in \mathcal{V}} d(v).$$

Dimostrazione. Consideriamo dapprima la situazione in cui G non ha nessun cappio. In questo caso i due lati dell'equazione contano in due modi diversi il numero di elementi dell'insieme M di tutte le coppie (v, e) con $e \in \mathcal{E}$, $v \in \mathcal{V}$, $v \in t(e)$. Se da un lato per ogni arco e ci sono due tali coppie (e quindi l'insieme M contiene $2|\mathcal{E}|$ elementi), dall'altro il numero di archi incidenti con un vertice v è esattamente la valenza di v; dunque la parte destra dell'equazione da dimostrare conta anch'essa gli elementi dell'insieme M e quindi è uguale a $2|\mathcal{E}|$.

Per concludere osserviamo che se G ha un cappio e al vertice w, allora la formula vale per G se e solo se vale per il grafo $G' = (\mathcal{V}, \mathcal{E} \smallsetminus \{e\})$ ottenuto rimuovendo e. Infatti la valenza $d_G(v)$ di ogni vertice in G è uguale alla valenza $d_{G'}(v)$ dello stesso vertice in G' eccezion fatta per w, che soddisfa $d_G(w) = d_{G'}(w) + 2$. E dunque si vede che

$$2|\mathcal{E}| = 2|\mathcal{E} \smallsetminus \{e\}| + 2$$

è uguale a

$$\sum_{v \in \mathcal{V}} d_G(v) = \left(\sum_{v \in \mathcal{V}} d_{G'}(v) \right) + 2$$

se e solo se $2|\mathcal{E} \smallsetminus \{e\}| = \sum_{v \in \mathcal{V}} d_{G'}(v)$.

Se G' contiene ancora dei cappi, possiamo ripetere l'operazione e dopo un numero finito di passi otterremo che il teorema vale per G se e solo se vale per un grafo $G'^{\cdots'}$ senza cappi, cui si applica dunque l'argomento precedente. $\square$

Esempio 5.17 Indichiamo con il simbolo K_n il *grafo completo* su n vertici. Si tratta del grafo semplice con n vertici che possiede 'il massimo numero di archi possibile': due vertici distinti sono sempre adiacenti.

La valenza di ogni vertice nel grafo completo K_n è $n-1$ (perché?), e siccome K_n ha un arco per ogni paio dei suoi vertici concludiamo che ha $\binom{n}{2} = \frac{n(n-1)}{2}$ archi in tutto. Verifichiamo dunque l'identità del teorema:

$$\sum_{v \in \mathcal{V}(K_n)} d(v) = n \cdot (n-1) = 2 \cdot \frac{n(n-1)}{2} = 2|\mathcal{E}(K_n)|.$$

Esempio 5.18 Un grafo $G = (\mathcal{V}, \mathcal{E})$ è *bipartito* se è possibile suddividere i suoi vertici in due insiemi disgiunti tali che ogni arco di G possieda un estremo in ognuno dei due insiemi. Ovvero, se esiste una partizione $\mathcal{V} = A \cup B$ tale che, per ogni $e \in \mathcal{E}$, $t(e) \cap A \neq \emptyset$ e $t(e) \cap B \neq \emptyset$.

In questo caso, il Primo Teorema 5.16 segue facilmente dalla seguente uguaglianza:

$$\sum_{v \in A} d(v) = \sum_{v \in B} d(v) = |\mathcal{E}|.$$

Sapreste dimostrarla?

Definizione 5.19 Dati due numeri naturali m e n, il *grafo bipartito completo* $K_{m,n}$ è il grafo semplice su $m + n$ vertici che possiede 'il massimo numero di archi possibile' (ecco perché si chiama 'completo') pur restando bipartito in due insiemi di vertici con m e n elementi, rispettivamente.

Esercizio 5.20 Verificare l'enunciato del Primo Teorema nel caso di un grafo bipartito completo.

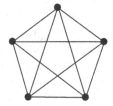

▲ **Figura 5.7** Il grafo bipartito completo $K_{3,3}$ e il grafo completo K_5

5.3 I ponti di Königsberg

Un'introduzione alla teoria dei grafi non sarebbe completa senza un riferimento a quello che ne è considerato 'l'atto di nascita': la soluzione data dal grande matematico svizzero Eulero al problema detto dei *ponti di Königsberg* nell'articolo [22].

L'antica città di Königsberg (oggi Kaliningrad), nella Prussia Orientale, è attraversata dal fiume Pregel, che forma due isole. Anticamente, l'isola occidentale era collegata da due ponti alla parte nord della città e da due ponti alla parte sud. Inoltre era collegata da un quinto ponte all'altra isola. Dall'isola orientale partivano poi altri due ponti, uno verso la parte nord e uno verso la parte sud (vedi Fig. 5.8).

Il problema dei ponti di Königsberg si può enunciare così: *è possibile immaginare una passeggiata che, partendo da un punto della città, passi una e una sola volta da ognuno dei sette ponti e ritorni infine al punto di partenza?*

◄ **Figura 5.8** Uno scorcio da una cartina Baedeker di Königsberg nel 1910 (riprodotta per gentile concessione della biblioteca dell'Università del Texas ad Austin). Notiamo i sette ponti che collegano i diversi quartieri della città e suggeriscono il quesito studiato da Eulero nel diciottesimo secolo: è possibile fare una passeggiata in città in modo da tornare al punto di partenza dopo essere passati esattamente una volta su ogni ponte?

Osservando la cartina vediamo che i dati rilevanti per il problema dei ponti si possono sintetizzare in un grafo: dopotutto abbiamo una città divisa in quattro parti delle quali ci interessa solo da quali e quanti ponti esse sono collegate l'una all'altra. Abbiamo rappresentato questo grafo nella Fig. 5.9.

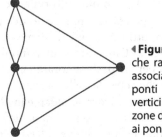

◄ **Figura 5.9** Un disegno che rappresenta il grafo associato al problema dei ponti di Königsberg. I vertici corrispondono alle zone della città e gli archi ai ponti

Possiamo dunque porre la questione non solo per la città di Königsberg, ma per ogni grafo.

Domanda 5.1 Dato un grafo *G* trovare, se possibile, un circuito nel quale ogni arco di *G* compaia esattamente una volta.

La prossima definizione descrive gli oggetti che stiamo cercando e che prendono il nome proprio da Eulero, in onore della loro prima apparizione appunto in [22].

Definizione 5.21 Sia dato un grafo G. Un *percorso euleriano* in G è un percorso che attraversa esattamente una volta ogni $e \in \mathcal{E}$. Un *circuito euleriano* è, analogamente, un circuito che attraversa esattamente una volta ogni arco. Il grafo G è detto *grafo euleriano* se in G esiste un circuito euleriano. Ammetteremo come caso particolare di grafo euleriano anche il grafo costituito da un solo vertice e nessun arco.

Si osserva subito che se un grafo euleriano è sconnesso, una sola delle sue componenti connesse avrà degli archi, mentre le altre componenti connesse saranno vertici isolati. Converrà quindi limitare le nostre investigazioni ai grafi connessi.

Inoltre, ogni circuito deve poter 'uscire' da ogni vertice nel quale 'entra': quindi, dato un vertice v in un circuito qualsiasi, tale circuito conterrà un numero pari di archi adiacenti a v. Siccome un circuito euleriano contiene per definizione tutti gli archi del grafo, osserviamo che la valenza di ogni vertice di un grafo euleriano deve essere un numero pari.

A questo punto, ricordando il grafo 'di Königsberg' di Fig. 5.9 possiamo anche noi risolvere il problema di Eulero, e concludere che non è possibile effettuare una passeggiata che passi una volta sola su ogni ponte: tutti i vertici del grafo hanno valenza dispari!

Queste osservazioni sulla valenza dei vertici ci hanno portato vicino ad una caratterizzazione completa dei grafi euleriani, che diamo nel prossimo teorema.

Teorema 5.22 *Un grafo connesso è euleriano se e solo se ogni suo vertice ha valenza pari.*

Dimostrazione. Abbiamo visto nella discussione precedente che in un grafo euleriano connesso la valenza di ogni vertice è un numero pari. Resta da mostrare il viceversa.

Cominciamo con il notare che un grafo connesso G che contiene dei cappi è euleriano se e solo se lo è il grafo $\overline{G}$ da esso ottenuto rimuovendo tutti i cappi. Infatti ogni circuito euleriano in $\overline{G}$ può essere ampliato ad un circuito euleriano per G semplicemente 'percorrendo tutti i cappi incidenti a v' la prima volta che il circuito incontra un nuovo vertice v. Un circuito euleriano in G contiene poi chiaramente un circuito euleriano per $\overline{G}$: basta ignorare i cappi. Inoltre, ricordando la Definizione 5.15 notiamo che la parità della valenza di ogni vertice in G è uguale alla parità della valenza del vertice corrispondente in $\overline{G}$.

Sia dunque $G = (\mathcal{V}, \mathcal{E})$ un grafo connesso e senza cappi, dove ogni vertice ha valenza pari. Se G consiste di un solo vertice, allora è euleriano per definizione.

Altrimenti, siccome G è connesso abbiamo $d(v) > 0$, e quindi $d(v) \geq 2$, per ogni vertice v. Partendo da un vertice qualsiasi $v_0 \in \mathcal{V}$, costruiamo ora ricorsivamente un percorso P in G: per ogni $i > 0$ scegliamo un arco e_i a piacere tra quelli incidenti su v_{i-1} che non siano ancora stati percorsi e chiamiamo v_i l'altro estremo di e_i, di modo che $t(e_i) = \{v_{i-1}, v_i\}$. Notiamo che siccome per ipotesi $d(v_0) \geq 2$, esiste e_1.

La costruzione è ben definita e produce un arco e_i per ogni vertice v_i diverso da v_0 in cui giungiamo mentre costruiamo P. Infatti, se v_i è già apparso (diciamo k volte) in P, allora il percorso P ha già attraversato $2k + 1$ archi adiacenti a v_i. Ma $d(v_i)$ è pari, e dunque esistono almeno $2k + 2$ archi adiacenti a v_i. Quindi almeno uno di essi non è ancora stato attraversato dal percorso in via di costruzione, che può quindi continuare. D'altro canto la costruzione dovrà terminare, poiché il grafo ha un numero finito di archi; per quanto detto sopra il percorso dovrà terminare in v_0.

Abbiamo così mostrato che G *contiene un circuito che non attraversa mai due volte lo stesso arco*, e possiamo quindi scegliere un circuito *di lunghezza massima* tra quelli che hanno tale proprietà: chiamiamolo C. Vogliamo mostrare che C è un circuito euleriano in G.

L'unica cosa che resta da verificare è che C percorra veramente tutti gli archi di G. Ragioneremo per assurdo, supponendo che esista un arco e che non è attraversato da C. Senza restrizione di generalità possiamo scegliere e tale che un suo vertice $v \in t(e)$ sia un vertice di C. Altrimenti, siccome G è connesso per ipotesi, deve esistere un percorso in G che collega v con uno dei vertici in C. Questo percorso parte da un vertice fuori da C e arriva ad un vertice contenuto in C: dovrà quindi contenere un arco che ha un estremo in C e uno fuori da C.

Il grafo G' ottenuto da G rimuovendo tutti gli archi che sono attraversati da C contiene almeno l'arco e, dunque ha almeno due vertici di valenza non nulla. Il punto è che, siccome C contiene un numero pari di archi adiacenti ad ognuno dei suoi vertici, anche nel grafo G' la valenza di ogni vertice è pari e, come detto, G' contiene dei vertici di valenza non nulla (ad esempio v). Quindi, se applichiamo la costruzione descritta sopra partendo questa volta da v, otteniamo un circuito C' in G' che contiene v e non attraversa mai due volte lo stesso arco. Questo nuovo circuito è ovviamente anche un circuito di G, e non percorre nessun arco percorso da C. Ora costruiamo un circuito C'' come segue. Seguiamo C fino alla prima volta che il vertice v compare, poi procediamo lungo C', e dopo aver percorso completamente C' riprendiamo lungo C fino a completarlo.

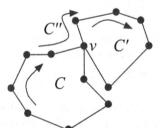

◄**Figura 5.10**

Osserviamo che C'' è un circuito che non attraversa mai due volte lo stesso arco e che ha lunghezza strettamente maggiore di C, contraddicendo la definizione stessa di C. Quindi C contiene già tutti gli archi di G, e la dimostrazione è conclusa. □

5.4 Il Chomp sui grafi

Siamo ora pronti per tornare alla Domanda 3.1. Se il lettore ha incontrato difficoltà nel risolverla, sappia che si trova in ottima compagnia: infatti la risposta generale a quella domanda non è nota. Tuttavia, la teoria sviluppata fin qui ci permetterà di analizzare il Chomp sui grafi almeno in un caso particolare. Ricordiamo dalla Definizione 5.13 che una *foresta* è un grafo finito che non contiene cicli. Possiamo descrivere una strategia vincente per il Chomp sulle foreste.

Teorema 5.23 *Sia* $G = (\mathcal{V}, \mathcal{E})$ *una foresta. Nel gioco del Chomp su* G *il secondo giocatore ha una strategia vincente se e solo se* G *ha un numero pari di vertici e un numero pari di componenti connesse.*

Dimostrazione. Chiamiamo $n = |\mathcal{V}|$, $m = |\mathcal{E}|$ il numero di vertici e archi di G. La dimostrazione è per induzione sul numero $m + n$.

Passo base. Se $m + n = 0$, allora G non ha né vertici né archi, e il gioco non può nemmeno cominciare: il primo giocatore non può muovere, dunque il secondo giocatore vince. Il teorema in questo caso vale perché G ha 0 vertici e 0 componenti connesse.

Passo induttivo. Consideriamo ora il caso $m + n > 0$: in particolare G non è vuoto. Ricordiamo che il primo giocatore ha due tipi di mossa:

(1) mangiare un vertice v e tutti gli archi incidenti con esso; oppure

(2) mangiare un arco.

Chiamiamo c il numero di componenti connesse di G. Dopo la prima mossa, di tipo (1) o (2), otteniamo una nuova foresta, G' o G'' rispettivamente. Siccome G è una foresta, non contiene cicli; quindi la mossa (2) crea una nuova componente connessa, mentre con la mossa (1) dobbiamo distinguere: se v è isolato, il numero di componenti connesse diminuisce di uno, se v è una foglia il numero di componenti connesse non cambia, mentre se $d(v) > 1$, allora si ottiene un grafo in cui il numero di componenti connesse è aumentato di $d(v) - 1$. Secondo il caso, avremo quindi

(1) $n' = n - 1$, $m' = m - d(v)$, $c' = c + d(v) - 1$;

(2) $n'' = n$, $m'' = m - 1$, $c'' = c + 1$.

Vediamo che se n e c sono entrambi pari, allora n' e c'' sono dispari: per ipotesi induttiva allora nel gioco su G' e G'' il primo giocatore (ovvero il *secondo* giocatore nel gioco su G) ha una strategia vincente.

D'altronde,

(i) se n è dispari ma c pari, allora il primo giocatore può fare una mossa di tipo (1) mangiando una foglia (ne esiste almeno una perché altrimenti sarebbe $m = 0$ e $n = c$, contraddicendo la diversa parità di n e c);

(ii) se n e c sono entrambi dispari, allora il primo giocatore può mangiare un vertice con valenza pari. Un tale vertice, se n è dispari, esiste sempre: infatti, o il grafo ha un vertice di valenza 0, oppure la somma delle valenze – che per il Primo Teorema è un numero pari – è una somma di un numero dispari di interi positivi, i quali quindi non possono essere tutti dispari (provate come esercizio a dimostrare questo fatto);

(iii) se infine n è pari ma c è dispari, il primo giocatore può mangiare un arco con una mossa (2): infatti un arco deve esistere poiché altrimenti avremmo $n = c$, contraddicendo la differenza di parità.

Se n e c non sono entrambi pari, vediamo dunque che il primo giocatore con una mossa può mettere il suo avversario davanti ad una situazione con un numero pari di vertici e di componenti connesse. Per ipotesi induttiva, in un tale gioco esiste una strategia vincente per il secondo giocatore... che è il *primo* giocatore nel gioco su G. □

Esercizio 5.24 Alla luce di ciò che abbiamo imparato sul Chomp sui grafi nel caso delle foreste, cosa si può dire per un Chomp il cui grafo di partenza è invece un ciclo con n archi?

Capitolo 6
Altri esercizi

6.1 Strategie per vincere o... non perdere

Esercizio 6.1 Consideriamo il gioco 'filetto' (vedi Fig. 6.1). Mostrare che in questo gioco sono possibili le 'patte'. Dire quali delle seguenti frasi sono vere:

a) il primo giocatore ha una strategia per... non perdere, ossia una strategia che gli permette o di vincere o di pareggiare;

b) il primo giocatore può seguire una strategia del tipo 'mossa rubata' e vince sempre;

c) il secondo giocatore può sempre evitare che il primo vinca;

d) il gioco, se giocato al meglio da entrambi i giocatori, si conclude sempre in pareggio.

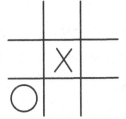

◀ **Figura 6.1** Una partita a 'filetto' in svolgimento. Ha iniziato per primo il giocatore che fa le croci. La partita finirà in patta?

Esercizio 6.2 Consideriamo il Nim 'alla rovescia', cioè un gioco con le stesse regole del Nim eccetto che stavolta il giocatore che fa l'ultima mossa (ossia mangia l'ultimo biscotto) perde. È possibile stabilire, in dipendenza del numero dei piatti iniziali e dei biscotti che contengono, quale dei giocatori possiede una strategia vincente?

Esercizio 6.3 Studiare il famoso gioco 'Forza 4'. È un gioco combinatorio finito? Sono possibili le 'patte'? È vero che il primo giocatore ha una strategia vincente? O almeno una strategia per 'non perdere'?

Esercizio 6.4 Consideriamo un gioco che soddisfa tutte le richieste della definizione di gioco combinatorio finito eccetto quella sulla 'patta' (ossia il gioco può finire in patta). Dimostrare che uno dei due giocatori ha una strategia per non perdere.

6.2 Un po' di pratica con l'induzione e i coefficienti binomiali

Questo paragrafo è particolarmente ricco di esercizi. Riteniamo infatti che le dimostrazioni per induzione vadano molto 'sperimentate'!

Delucchi E., Gaiffi G., Pernazza L.: Giochi e percorsi matematici
DOI 10.1007/978-88-470-2616-2_6, © Springer-Verlag Italia 2012

Esercizio 6.5 Determinare per quali numeri naturali n si ha $n! > 2^n$.

Esercizio 6.6 Trovare (e dimostrare rigorosamente che è valida) una formula per la somma dei primi n (con $n \geq 1$) numeri pari positivi.

Esercizio 6.7 Dimostrare che, per ogni $n \in \mathbb{N} - \{0\}$ vale:

$$\sum_{i=1}^{n} i^2 = \frac{n(n+1)(2n+1)}{6}.$$

Esercizio 6.8 Dimostrare la seguente formula per la somma dei cubi dei primi n numeri pari positivi:

$$\sum_{k=1}^{n} (2k)^3 = 2n^2(n+1)^2.$$

Esercizio 6.9 Dimostrare la seguente formula per la somma delle quarte potenze dei primi n numeri positivi:

$$\sum_{k=1}^{n} k^4 = \frac{n(n+1)(2n+1)(3n^2+3n-1)}{30}.$$

Esercizio 6.10 Dimostrare che per ogni $n \geq 1$ si ha

$$\sum_{k=1}^{n} \frac{1}{\sqrt{k}} \geq \sqrt{n}.$$

Esercizio 6.11 Dimostrare che per ogni intero $n \geq 1$ vale:

$$\sum_{k=1}^{n} \frac{1}{k^2} \leq 2 - \frac{1}{n}.$$

Esercizio 6.12 Dimostrare che, per ogni n intero positivo, esistono almeno n numeri primi distinti che dividono il numero $2^{2^n} - 1$.

Suggerimento. Può essere utile osservare che $2^{2^{n+1}} - 1 = (2^{2^n} - 1)(2^{2^n} + 1)$.

Esercizio 6.13 Consideriamo la formula

$$\left(1 - \frac{1}{4}\right)\left(1 - \frac{1}{9}\right)\left(1 - \frac{1}{16}\right)\cdots\left(1 - \frac{1}{n^2}\right) = \frac{an+b}{cn}.$$

Proporre dei valori $a, b, c \in \mathbb{Z}$ per cui questa formula è vera per ogni $n \geq 2$ e dimostrare in tale caso la formula per induzione. La scelta di tali valori è unica? Il numero $\frac{a}{c}$ è univocamente determinato?

Esercizio 6.14 (Disuguaglianza di Bernoulli) Dimostrare che, per ogni $n \in \mathbb{N}$ e per ogni numero reale $x > -1$ vale

$$(1 + x)^n \geq 1 + nx.$$

Esercizio 6.15 Togliamo una casella da una scacchiera di $2^n \times 2^n$ caselle. Dimostrare che è possibile ricoprire la parte rimanente con tessere tutte uguali fatte a L che ricoprono 3 caselle (vedi Fig. 6.2).

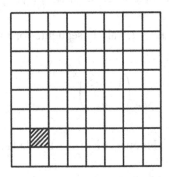

◀**Figura 6.2** Una scacchiera 8×8, a cui è stata tolta una casella. È possibile ricoprirla con pezzi a forma di L che occupano tre caselle, come quello disegnato sotto la scacchiera

Esercizio 6.16 Dato un poligono convesso con n lati ($n \geq 4$), dimostrare che il massimo numero di diagonali che è possibile tracciare da un vertice a un altro del poligono in modo che due di tali diagonali non si intersechino mai al di fuori dei vertici è $n - 3$.

I numeri di Fibonacci

Consideriamo la successione[1] di numeri F_n ($n \in \mathbb{N} - \{0\}$) così definita: $F_1 = 1$, $F_2 = 1$, e, per ogni $n \geq 3$,

$$F_n = F_{n-1} + F_{n-2}.$$

Per prima cosa 'costruiamo' i primi numeri della successione:
$F_1 = 1$, $\quad F_2 = 1$, $\quad F_3 = 1+1 = 2$, $\quad F_4 = 2+1 = 3$, $\quad F_5 = 3+2 = 5$, $\quad F_6 = 5+3 = 8$,
$F_7 = 8 + 5 = 13$, $\quad F_8 = 13 + 8 = 21$, e così via.

---

[1]Formalmente una *successione* di numeri reali è una funzione da $\mathbb{N}$ (o da ($\mathbb{N} - \{0\}$) a $\mathbb{R}$, cioè una lista ordinata e infinita di numeri reali; invece che $a(n), x(n)$ o $F(n)$ essa viene di solito indicata con a_n, x_n o F_n. Tra i vari modi possibili per definirne una, usiamo qui una definizione *per ricorrenza*, cioè diamo il valore di alcuni termini e poi definiamo ogni ulteriore termine in base ai valori di un certo numero di suoi predecessori. Di fatto, è una definizione in cui entra in gioco il principio di induzione.

I numeri F_n si dicono **numeri di Fibonacci** (con riferimento a Leonardo da Pisa, che nel 1202 pubblicò sotto il nome di Fibonacci il suo libro più celebre, *Liber abaci*, in cui studiò anche questa successione).

Esercizio 6.17 Una lista di numeri interi sia detta *ammissibile* se è strettamente crescente, inizia con un numero dispari, e ha parità alterna (ossia ha come secondo termine un numero pari, poi il terzo termine è dispari, il quarto è pari, e così via). La lista vuota viene considerata anch'essa una lista ammissibile. Sia P_n il numero delle liste ammissibili in cui i numeri che appaiono appartengono all'insieme $\{1, 2, \ldots, n\}$. Che relazione c'è fra le successioni $\{P_n\}$ e $\{F_n\}$?

Esercizio 6.18 Dimostrare che, per ogni $n \geq 1$, vale la seguente formula per i numeri di Fibonacci:

$$F_n = \frac{1}{\sqrt{5}} \left(\frac{1 + \sqrt{5}}{2}\right)^n - \frac{1}{\sqrt{5}} \left(\frac{1 - \sqrt{5}}{2}\right)^n.$$

Esercizio 6.19 Provare che per i numeri di Fibonacci F_n ($n \geq 1$) vale la seguente formula:

$$F_{n+4} = F_3 F_n + F_4 F_{n+1}.$$

Esercizio 6.20 Provare che per i numeri di Fibonacci F_n vale la seguente formula ($n \geq 1$ e $m \geq 2$):

$$F_{n+m} = F_{m-1} F_n + F_m F_{n+1}.$$

Esercizio 6.21 Provare che il numero di Fibonacci F_n divide F_{mn} ($n \geq 1$, $m \geq 1$).

I coefficienti binomiali

Esercizio 6.22 (Teorema del binomio di Newton) Dimostrare che, dati due qualsiasi numeri reali a e b diversi da 0, per ogni numero intero positivo n vale:

$$(a + b)^n = \sum_{i=0}^{n} \binom{n}{i} a^{n-i} b^i$$

cioè

$$(a + b)^n = \binom{n}{0} a^n + \binom{n}{1} a^{n-1} b^1 + \binom{n}{2} a^{n-2} b^2 + \cdots + \binom{n}{n-1} a^1 b^{n-1} + \binom{n}{n} b^n.$$

Esercizio 6.23 Dimostrare, utilizzando il teorema del binomio di Newton, che, dato un insieme X con n elementi ($n \in \mathbb{N}$), il numero dei suoi sottoinsiemi è 2^n. Conoscete altre dimostrazioni di questo fatto?

Esercizio 6.24 Dimostrare che, per ogni intero positivo n vale

$$\sum_{i=0}^{n} i\binom{n}{i} = n2^{n-1}.$$

Esercizio 6.25 Dimostrare che per ogni $n \geq 0$ vale

$$\binom{n}{0}^2 + \binom{n}{1}^2 + \binom{n}{2}^2 + \cdots + \binom{n}{n}^2 = \binom{2n}{n}.$$

Esercizio 6.26 Supponiamo di avere n ($n \geq 0$) palline bianche uguali fra loro e due palline nere (uguali fra loro), e di doverle mettere in fila. In quanti modi possiamo farlo?

Esercizio 6.27 Dato $n \in \mathbb{N}$, quante sono le triple (x, y, z) di numeri naturali che verificano $x + y + z = n$?

Suggerimento. La risposta a questa domanda coincide con la risposta alla domanda dell'esercizio precedente; ma perché? Il suggerimento è affidato alla Fig. 6.3...

◀**Figura 6.3** Due file di palline ('leggiamole' da sinistra a destra). Alla fila in alto associamo la tripla $(3, 4, 1)$ e a quella in basso la tripla $(3, 0, 5)$

Esercizio 6.28 Dato un numero naturale m e un numero intero positivo n, dimostrare che le n-uple $(a_1, a_2, \ldots, a_n)$ di numeri non negativi tali che $a_1 + a_2 + \cdots + a_n = m$ sono

$$\binom{m + n - 1}{n - 1}.$$

Osservare che questo è dunque anche il numero dei possibili monomi di grado m nelle variabili $x_1, x_2, \ldots, x_n$.

Esercizio 6.29 Consideriamo n (con $n \geq 2$) punti su una circonferenza tali che i segmenti che li congiungono a due a due siano in 'posizione generale', ovvero che all'interno del cerchio non ci sia nessun punto in cui si intersecano tre (o più) di essi. Allora questi segmenti suddividono l'interno del cerchio in $1 + \binom{n}{2}$ regioni se $n = 2, 3$ e in $1 + \binom{n}{2} + \binom{n}{4}$ regioni se $n > 3$ (vedi Fig. 6.4).

Esercizio 6.30 (Il poker) Supposto che le regole del poker con 52 carte (poker USA versione standard) siano note, determinare quante sono le 'mani' di 5 carte che è possibile servire e che contengono:

1 una qualunque configurazione (in sostanza qui si chiede quale è il numero delle mani distinte che è possibile servire);

2 scala reale massima;

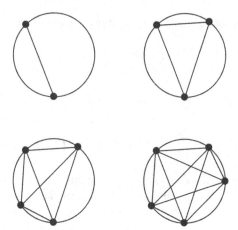

▲ Figura 6.4 Suddivisione del cerchio da parte dei segmenti che congiungono n punti sulla circonferenza, casi con $n = 2, 3, 4, 5$. Sembra che il cerchio venga suddiviso in 2^{n-1} regioni, ma per $n > 5$ non è la risposta giusta...

3 scala reale;

4 colore;

5 scala;

6 poker;

7 full;

8 tris;

9 doppia coppia;

10 una coppia;

11 nessun punto.

Esercizio 6.31 Dopo aver svolto l'esercizio precedente, notiamo che le mani con un full sono meno di quelle con un colore, in concordanza col fatto che nel poker americano il full batte il colore. Ripetere il conto per un'altra versione del poker, per esempio quella in cui le carte a disposizione sono solo 7,8,9,10, jack, donna, re e asso. Cosa accade?

Esercizio 6.32 Consideriamo il triangolo di Tartaglia scritto nel seguente modo:

$$
\begin{array}{ccccccc}
1 & & & & & & \\
1 & 1 & & & & & \\
1 & 2 & 1 & & & & \\
1 & 3 & 3 & 1 & & & \\
1 & 4 & 6 & 4 & 1 & & \\
1 & 5 & 10 & 10 & 5 & 1 & \\
1 & 6 & 15 & 20 & 15 & 6 & 1 \\
\vdots & \vdots & \vdots & \vdots & \vdots & \vdots & \vdots \\
\binom{n}{0} & \binom{n}{1} & \binom{n}{2} & \cdots & \cdots & \cdots & \cdots & \binom{n}{n} \\
\vdots & \vdots & \vdots & \vdots & \vdots & \vdots & \vdots
\end{array}
$$

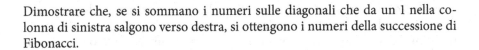
Dimostrare che, se si sommano i numeri sulle diagonali che da un 1 nella colonna di sinistra salgono verso destra, si ottengono i numeri della successione di Fibonacci.

Esercizio 6.33 Dimostrare che, disegnando $n \geq 2$ rette nel piano, il massimo numero di regioni che possiamo ottenere è $1 + n + \binom{n}{2}$.

Esercizio 6.34 Dimostrare che, disegnando $n \geq 3$ piani nello spazio, il massimo numero di regioni che possiamo ottenere è $1 + n + \binom{n}{2} + \binom{n}{3}$.

6.3 Esercizi sui grafi

Esercizio 6.35 Spiegare perché in ogni grafo semplice il numero di vertici con valenza dispari è sempre pari. È vero anche per un grafo qualunque?

Esercizio 6.36 Dimostrare che un grafo semplice con almeno due vertici contiene almeno due vertici con la stessa valenza.

Esercizio 6.37 Dimostrare che un grafo semplice con n vertici ha al più $\binom{n}{2}$ archi. Per $n \geq 2$, sapreste indicare un grafo semplice con n vertici e *esattamente* $\binom{n}{2}$ archi?

Esercizio 6.38 Dimostrare che un grafo semplice con n vertici è connesso se ha più di $\binom{n-1}{2}$ archi. Per $n \geq 2$, sapreste indicare un grafo semplice sconnesso con esattamente $\binom{n-1}{2}$ archi?

Esercizio 6.39 Dare un esempio di un grafo euleriano connesso con un numero pari di vertici e un numero dispari di archi, se possibile. Altrimenti, spiegare perché un tale grafo non esiste.

Esercizio 6.40 Sia G un grafo semplice connesso che ha almeno un arco. Dimostrare che G ammette un percorso euleriano (vedi Definizione 5.21) se e soltanto se ha esattamente due vertici con valenza dispari. Il grafo di Königsberg ammette un percorso euleriano?

Esercizio 6.41 Si supponga di conoscere la pianta di un museo che espone quadri su ambo i lati di ognuno dei suoi corridoi. Descrivere una strategia che permetta al visitatore di percorrere esattamente due volte, in direzioni diverse, ognuno dei corridoi, in modo quindi da vedere una e una sola volta ogni opera esposta.

Esercizio 6.42 La rete stradale di una città è tale che, se associamo ad ogni piazza un vertice e ad ogni strada che collega due piazze un arco fra i due vertici corrispondenti, otteniamo il grafo completo K_n con n un numero intero maggiore o uguale a 2 (anche se n è grande ci sono varie gallerie e cavalcavia, per cui le strade non si incrociano mai, se non nelle piazze). Alcune strade però sono a senso unico, ossia alcuni archi di K_n possono essere percorsi in una sola direzione. È vero che esiste una piazza da cui si possono raggiungere tutte le altre piazze?

Chiamiamo 'percorso senza tappe' un percorso che collega due piazze senza passare per nessuna altra piazza, e 'percorso con r tappe' un percorso che collega due piazze attraversandone altre r distinte. È vero che esiste una piazza da cui tutte le altre possono essere raggiunte con un percorso senza tappe? È vero che esiste una piazza da cui tutte le altre possono essere raggiunte con un percorso che fa al più una tappa?

Esercizio 6.43 Dimostrare che ogni albero è un grafo bipartito. Quali alberi sono grafi bipartiti completi?

Esercizio 6.44 Dimostrare che, per ogni grafo G con n vertici, dire che 'G è connesso e ha $n-1$ archi' equivale a dire che 'G è una foresta con $n-1$ archi', il che a sua volta equivale a dire che 'G è un albero'.

Parte II

Quindici

Capitolo 7
Il Quindici: presentazione e prime domande

Molti fra i lettori si saranno divertiti a giocare al gioco del 15, uno dei più celebri fra i giochi con 'blocchetti mobili' che possono scorrere attraverso spazi vuoti. Ecco la *configurazione di base* del gioco:

1	2	3	4
5	6	7	8
9	10	11	12
13	14	15	

Chiameremo *configurazione* una qualsiasi disposizione dei blocchetti nella scatola. Giocare, o meglio, 'vincere' una partita significa cominciare da una qualunque configurazione data e riuscire a far scorrere i blocchetti in modo da ottenere la configurazione di base.

L'invenzione del gioco del 15 risale alla seconda metà dell'Ottocento e sembra sia dovuta ad un portalettere americano, Noyes Chapman, anche se il famoso inventore di giochi Samuel Loyd cercò sempre di attribuirsene la paternità, includendolo nella sua *Cyclopedia of Puzzles* (vedi [46], [37] e [53]). Loyd offrì addirittura un premio di 1000 dollari a chi fosse riuscito a vincere partendo dalla configurazione ottenuta dalla configurazione di base 'scambiando' (dopo averli levati dalla scatola) il 14 e il 15, come illustrato nella riproduzione del disegno originale in Fig. 7.1.

▲ **Figura 7.1** Illustrazione da *Cyclopedia of Puzzles* di Samuel Loyd

Delucchi E., Gaiffi G., Pernazza L.: Giochi e percorsi matematici
DOI 10.1007/978-88-470-2616-2_7, © Springer-Verlag Italia 2012

In realtà, questa configurazione del gioco era già stata proposta da Chapman: per questo la chiameremo *configurazione di Chapman*. In omaggio a questo premio 'leggendario' formuliamo anche noi la storica domanda:

Domanda 7.1 È possibile 'vincere' partendo dalla configurazione di Chapman?

Per cominciare cerchiamo di tornare su terreno noto, e magari di sfruttare una parte del lavoro fatto durante la nostra analisi del Chomp. Anche in questo caso possiamo infatti costruire il *grafo del gioco*. In analogia con la costruzione per i giochi combinatori finiti, si tratta di un grafo orientato in cui:

1 i vertici corrispondono alle configurazioni del gioco;

2 se con una mossa del gioco si può passare dalla configurazione rappresentata dal vertice v a quella rappresentata dal vertice w, allora nel grafo c'è un arco che ha per estremi v e w ed è orientato da v a w.

In termini del grafo del gioco, vincere una partita del gioco del 15 corrisponde a cercare un percorso orientato che, partendo da un vertice dato (quello che rappresenta la configurazione di partenza), giunge al vertice che rappresenta la configurazione di base.

Osserviamo subito che stavolta il grafo ammette cicli: è facile pensare ad una serie di mosse che partono da una configurazione data e vi ritornano. Il caso più semplice è quello in cui si fa scorrere un quadratino in una direzione e subito dopo si fa la mossa inversa, facendolo scorrere indietro. Questo mostra in particolare che, a differenza di quel che accade per il grafo di un Chomp, nel caso del gioco del 15 se due vertici sono collegati da un arco allora sono collegati anche da un altro arco, orientato nel verso opposto.[1]

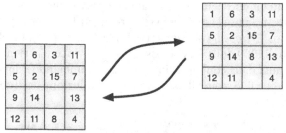

▲ **Figura 7.2** Due 'vertici' nel grafo del gioco del 15, e i due archi orientati che li collegano

Ci sono due domande naturali che riguardano il gioco del 15. Per presentarle descriviamo due possibili modi in cui può avvenire la preparazione preliminare di una partita.

Immaginiamo che la scatola del gioco, appena acquistata, oppure dopo la fine di una partita, sia nella configurazione di base. Il giocatore che vuole giocare

---

[1] Secondo la terminologia introdotta nel 'primo piano' sui grafi (Capitolo 5) questo grafo non è semplice, visto che ha 'lati doppi'.

ha bisogno di rimescolare i blocchetti. Supponiamo che questo venga fatto (magari da un amico, per garantire 'imparzialità') semplicemente *facendoli scorrere* all'interno della scatola, e che si ottenga così una configurazione C. Non ci sono dubbi a questo punto che per il giocatore sia possibile vincere, ossia riottenere a partire da C la configurazione di base (in linea teorica, per esempio, il giocatore potrebbe rifare alla rovescia - pur non conoscendole - le mosse fatte dall'amico). Dunque, con la possibilità di vincere non messa in dubbio, la domanda principale dal punto di vista di questo giocatore è di tipo strategico:

Domanda 7.2 Esiste una strategia 'sicura', un algoritmo, magari lento ma garantito, che consenta di vincere?

Se la risposta è sì, il giocatore potrà stare tranquillo: l'esperienza poi gli suggerirà le 'scorciatoie'.

Supponiamo invece che l'operazione di rimischiare venga fatta dall'amico in un altro modo, *levando i blocchetti dalla scatola quadrata* (in alcuni modelli in commercio è possibile farlo) e poi riposizionandoli in maniera casuale.

Stavolta nessuno garantisce che sia possibile vincere; il giocatore portato per le riflessioni astratte se ne accorge subito, ma anche chi è più concreto e si getta nel gioco 'a testa bassa' potrà giungere a sospettare che la seguente domanda abbia fondamento, e in un certo senso venga anche prima dell'altra:

Domanda 7.3 Se il gioco viene preparato levando i blocchetti dalla scatola e poi riposizionandoli in maniera casuale, è sempre possibile vincere?

Quest'ultima domanda è una generalizzazione della sfida di Loyd: infatti la configurazione di Chapman è un particolare modo in cui si possono ridisporre i blocchetti nella scatola dopo averli levati e mescolati.

Diciamo subito che il premio di Loyd è ancora da assegnare. Possiamo dunque chiudere questo capitolo lasciando meditare il lettore: potrà sperare o no di intascare i 1000 $?

Capitolo 8
Risposte: invarianti e algoritmi

8.1 Una curiosa somma invariante

L'intuizione (accompagnata da numerosi tentativi...) suggerisce al giocatore esperto che la risposta alla Domanda 7.1 debba essere: 'no, non è possibile vincere partendo dalla configurazione di Chapman'. Ma ci si rende subito conto che è difficile poter motivare questa intuizione con un ragionamento per casi: il numero di tutte le combinazioni di mosse possibili è troppo alto e bisognerebbe mostrare che nessuna di queste combinazioni porta dalla configurazione di Chapman alla configurazione di base...

Per illustrare quale tipo di ragionamento può venire in aiuto in una simile situazione, facciamo un esempio di tutt'altra natura. Supponiamo di avere 100 biscotti e di offrirli ad un gruppo di amici imponendo però una regola: ognuno dei nostri amici potrà prenderne, a sua scelta, zero, due, quattro, sei, oppure otto. Se qualcuno ci chiedesse: 'è possibile che alla fine, nel vassoio, rimangano 5 biscotti?', prontamente risponderemmo di no. Infatti, anche se non sappiamo esattamente quanti biscotti prende ciascuno dei nostri amici e, magari, non sappiamo neppure quanti amici sono presenti, siamo però sicuri che, dopo la scelta di ognuno di loro, il numero di biscotti nel vassoio rimane pari. In altre parole, anche se tale numero subisce delle variazioni, la sua proprietà di essere pari *non varia*.

Questo semplice esempio illustra il concetto di *invariante* di un gioco: detto in termini più generali, un invariante è una funzione che associa ad ogni configurazione del gioco C un numero $F(C)$, con la proprietà che, se facciamo una qualunque mossa del gioco e da C passiamo a C', allora $F(C) = F(C')$ (la funzione 'non varia'). Se si conosce un invariante e troviamo configurazioni a cui questo invariante associa numeri diversi, siamo certi che queste configurazioni *non* possono essere collegate dalle mosse del gioco.

Nel caso del gioco del 15 l'invariante, un vero 'colpo d'ala' che permette di rispondere alle nostre domande, c'è ma non è così semplice da trovare; riguarda infatti il legame del gioco col *gruppo delle permutazioni* (o *gruppo simmetrico*) su 16 elementi. Approfondiremo più avanti, nel Capitolo 10, l'aspetto algebrico della questione; per il momento diamo una prima descrizione dell'invariante che, forse già noto a Loyd e ai primi 'pionieri' del gioco, fu presentato da W.W. Johnson nel 1879 sull'American Journal of Mathematics (vedi [32]).

Lo strumento decisivo da considerare è la *somma del 15*. Prendiamo una configurazione del gioco C: ordiniamo i blocchetti dicendo che un blocchetto *viene dopo* un altro se si trova in una riga più bassa oppure sulla stessa riga, ma a destra del blocchetto dato (insomma, leggendoli nell'ordine in cui si legge un testo in italiano). Con l'aggiunta di un po' di fantasia pensiamo allo spazio vuoto come ad un blocchetto con sopra scritto il numero 16. Leggendo in questo ordine i numeri scritti sopra i blocchetti ricaviamo una lista ordinata di numeri, che individua la

Delucchi E., Gaiffi G., Pernazza L.: Giochi e percorsi matematici
DOI 10.1007/978-88-470-2616-2_8, © Springer-Verlag Italia 2012

configurazione C:

$$g_1, g_2, \ldots, g_{15}, g_{16}.$$

Per esempio, alla configurazione rappresentata nella Fig. 8.1 si associa la lista:

$$1, 2, 3, 4, 8, 7, 6, 5, 9, 10, 11, 12, 16, 15, 14, 13.$$

1	2	3	4
8	7	6	5
9	10	11	12
	15	14	13

◀ **Figura 8.1**

Ma torniamo ad una generica configurazione C e alla sua lista

$$g_1, g_2, \ldots, g_{15}, g_{16}.$$

Ora scorriamo tale lista e, per ogni indice i, chiamiamo n_i il numero di elementi della lista che sono a destra di g_i e sono minori di g_i. Inoltre chiamiamo $dist_C$ il numero minimo di mosse che si devono fare per portare lo spazio vuoto nell'angolo in basso a destra (in un certo senso è la 'distanza' dello spazio vuoto dal 'suo' angolo). Siamo pronti per definire la somma del 15 per la configurazione C:

$$S_C = n_1 + n_2 \ldots + n_{15} + n_{16} + dist_C.$$

Una mossa del gioco ci porta da una configurazione C ad una nuova configurazione C' e se facciamo i conti su qualche esempio osserviamo subito che $S_{C'}$ può essere diverso da S_C. Ma approfondiamo la nostra analisi. Ci sono essenzialmente quattro tipi di mosse possibili: infatti una mossa può anche essere interpretata come uno 'spostamento del quadratino vuoto' e questo spostamento può avvenire verso destra, verso sinistra, verso l'alto o verso il basso. Come vedremo nel prossimo paragrafo, uno studio dettagliato di ciascuno di questi quattro tipi di mossa mostra che, anche se $S_{C'}$ è diverso da S_C, la *parità* dei due numeri è la stessa (per esempio, se S_C è pari lo è anche $S_{C'}$). L'essere 'pari' o 'dispari' è dunque un invariante del gioco del 15.[1] Ora, è immediato osservare che la somma del 15 vale 0 per la configurazione di base, perciò solo le configurazioni C con S_C pari hanno speranza di essere ricondotte alla configurazione di base. Ma la configurazione di Chapman ha per somma 1: dunque quel furbacchione del signor Loyd aveva un bel promettere premi... partendo dalla configurazione di Chapman *non* si può vincere!

---

[1] Abbiamo detto che un invariante è una funzione: possiamo infatti pensare a questo invariante come ad una funzione F che vale 0 sulle configurazioni con somma pari e 1 su quelle con somma dispari.

8.2 L'invariante... alla prova di una mossa

Consideriamo una mossa del tipo 'si sposta lo spazio vuoto verso l'alto', come in questo esempio:

11	1	3	4
2	10	14	8
15	7		5
9	6	13	12

11	1	3	4
2	10		8
15	7	14	5
9	6	13	12

La somma del 15 della configurazione C a sinistra, prima della mossa, è:

$$\underbrace{10 + 0 + 1 + 1 + 0 + 5}_{primi\ sei\ blocchetti} + \underbrace{7 + 3 + 6 + 2 + 5}_{blocchetti\ intermedi} + \underbrace{0 + 1 + 0 + 1 + 0}_{ultimi\ cinque\ blocchetti} + \underbrace{2}_{dist_C} = 44.$$

La somma del 15 della configurazione C' a destra, dopo la mossa, è:

$$\underbrace{10 + 0 + 1 + 1 + 0 + 5}_{primi\ sei\ blocchetti} + \underbrace{9 + 3 + 7 + 2 + 5}_{blocchetti\ intermedi} + \underbrace{0 + 1 + 0 + 1 + 0}_{ultimi\ cinque\ blocchetti} + \underbrace{3}_{dist_{C'}} = 48.$$

Si osserva subito che, per una mossa di questo tipo, in cui, diciamo, il blocchetto che in C si trova in i-esima posizione 'scende' nella riga di sotto, il contributo di ciascuno dei blocchetti che vengono prima del blocchetto che viene spostato non cambia nelle due configurazioni. Lo stesso si può dire per il contributo dei blocchetti la cui posizione è successiva a quella in cui in C si trovava lo spazio vuoto. Se ci riferiamo all'esempio in figura stiamo parlando dei primi sei blocchetti e degli ultimi cinque.

Il contributo complessivo dei blocchetti intermedi, invece, è diverso nelle due configurazioni ed è facile mostrare che cambia di parità. Nell'esempio si passa da 23 a 26 e, in generale, se, nella lista di C, fra i numeri $g_{i+1}, g_{i+2}, g_{i+3}, g_{i+4}$ ce ne sono s minori di g_i, allora il contributo complessivo dei blocchetti intermedi passando da C a C' cambierà del valore dispari $7 - 2s$ (verificarlo!).

In compenso, nel nostro tipo di mossa, il quadratino bianco sale verso l'alto, e dunque la sua distanza dall'angolo in basso a destra aumenta di 1. Quindi $dist_{C'} = dist_C + 1$ e la somma del 15 nel suo complesso non cambia di parità.

Lasciamo al lettore il divertimento di verificare cosa accade per gli altri tre tipi di mossa (le mosse in cui c'è uno spostamento laterale sono molto più semplici da studiare).

Esercizio 8.1 È possibile, partendo dalla configurazione base, ottenere la configurazione della Fig. 8.1?

8.3 Un algoritmo e un trucco utile

Come ormai sappiamo, non c'è nessuna speranza di ottenere una configurazione con somma pari a partire da una con somma dispari. Questo si traduce, in termini di grafo del gioco, nella osservazione che tale grafo non è connesso: nessun percorso può collegare un vertice 'pari' (ossia un vertice che rappresenta una configurazione con somma pari) a uno 'dispari' o viceversa. Viene spontaneo allora chiedersi: ma quante sono le componenti connesse di questo grafo?[2] Se, presi due qualunque vertici pari, fosse sempre possibile collegarli fra loro con un cammino orientato lungo gli archi del grafo e se questo fosse vero anche per i vertici dispari allora il grafo del gioco si spezzerebbe in esattamente due componenti connesse.

In effetti questo è proprio ciò che accade: lo si può verificare dimostrando che, data una qualunque configurazione pari, è sempre possibile raggiungere la configurazione di base. Da questo segue subito che due qualsiasi configurazioni pari sono 'collegabili' con le mosse del gioco. Lo stesso discorso vale per le configurazioni dispari, ognuna delle quali può essere collegata alla configurazione di Chapman.

Ma attenzione: la strategia di dimostrazione di questo fatto deve essere di natura diversa da quella della dimostrazione precedente. Prima si trattava di far vedere che *non esistono* mosse che fanno passare da una configurazione con somma pari ad una con somma dispari, ed è bastato trovare un invariante. Ora dobbiamo mostrare che *per ogni* configurazione pari esiste una serie di mosse che la collega alla configurazione di base. Una dimostrazione algebrica, sintetica e molto elegante di questo fatto si trova in [4] (noi la presenteremo negli esercizi alla fine di questa seconda parte, vedi il Paragrafo 12.2).

Una via alternativa che possiamo percorrere è quella di descrivere un algoritmo, ossia una 'strategia vincente', che si possa applicare a tutte le configurazioni pari.

Da questo punto di vista, la domanda sul numero delle componenti connesse del grafo del gioco si lega a doppio filo alla Domanda 7.2 che chiedeva se è possibile descrivere un algoritmo 'sicuro' che permette di vincere nel caso in cui i blocchetti siano stati rimischiati senza levarli dalla scatola. In particolare, se troviamo un algoritmo che, a partire da una configurazione pari qualsiasi, ci permette di ottenere la configurazione di base, abbiamo risposto anche alla Domanda 7.2.

Diamo una traccia per il lettore che vuole provare questa strada, e trovare un buon algoritmo. Cominciamo col descrivere un 'trucco' utile.

Esempio 8.2 (Trucco della cornice) Supponiamo di aver sistemato i blocchetti con i numeri 1, 2, 3 e di voler sistemare il 4. Le Fig. 8.2, 8.3 e 8.4 illustrano come possiamo fare, attraverso una serie di 'rotazioni di cornici'.

Questo trucco, applicato con semplici varianti, permette di elaborare vari algoritmi per la soluzione del gioco del 15: daremo qui di seguito la descrizione

---

[2]Abbiamo definito con precisione il concetto di connessione e di componente connessa di un grafo nella Definizione 5.10.

1	2	3	11
5	6	15	7
9	10	4	12
13	14		8

9	5	1	2
13	6	15	3
14	10	4	11
	8	12	7

▲ **Figura 8.2** Facciamo ruotare la cornice esterna in senso orario fino a portare l'11 accanto al 4

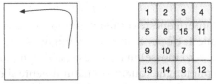

9	5	1	2
13	6	15	3
14	10	4	
8	12	7	11

9	5	1	2
13	6	15	3
14	10		4
8	12	7	11

9	5	1	2
13	6	15	3
14	10	7	4
8	12		11

▲ **Figura 8.3** Facciamo scorrere un pezzo (quattro blocchetti) della cornice esterna ancora in senso orario fino a creare uno spazio alla destra del 4. A questo punto il 4 può entrare nella cornice esterna che però non contiene più lo spazio vuoto e dunque non può scorrere all'indietro. Per 'sbloccarla' basta spostare un blocchetto verso l'interno (per esempio, come in figura, quello col numero 7)

1	2	3	4
5	6	15	11
9	10	7	
13	14	8	12

▲ **Figura 8.4** Ora possiamo concludere ruotando in senso antiorario la cornice esterna fino a portare i numeri 1,2,3,4 nella posizione desiderata (è in un certo senso la rotazione inversa a quella fatta all'inizio)

schematica di uno di questi. Partiamo da una configurazione con somma pari. Possiamo dividere il problema in varie parti: per cominciare, non è difficile descrivere con quali tipi di mosse si può riuscire a sistemare nel giusto ordine i blocchetti con i numeri 1, 2, 3, 4, 5, 9, 13 (può servire appunto il 'trucco della cornice'), ossia la riga in alto e la colonna a sinistra. Resta un quadrato 3 × 3 da sistemare, in pratica una versione ridotta del gioco (un... 'gioco del 9'). È facile (per esempio ancora col trucco della cornice, applicato su una cornice più piccola) collocare i blocchetti 6, 7, 8 che costituiscono la prima riga di questa versione ridotta, e immediatamente dopo sistemare il 10. Per finire si studiano in modo analitico i casi possibili, che non sono più molti (a questo punto le configurazioni con somma pari e in cui il quadratino vuoto si trova nell'angolo in basso a destra sono solo dodici: perché?).

8.4 Alcune curiosità

Per concludere, vogliamo soddisfare qualche altra curiosità sul grafo del gioco. Quanti sono i suoi vertici? E quanti sono quelli 'pari' ? E quelli 'dispari'?

Supponiamo di avere i blocchetti in mano e contiamo per prima cosa tutti i modi possibili di disporre i blocchetti nella scatola. Si tratta di contare tutti i modi di disporre 16 numeri (collochiamo anche lo spazio vuoto... ossia il numero 16) in 16 caselle, quindi la risposta è che ci sono 16! configurazioni possibili.[3]

Ma non tutte le configurazioni così ottenute avranno somma pari. Qui viene in nostro aiuto un ragionamento 'di simmetria' (e meno male: fare il calcolo diretto presenterebbe serie difficoltà). Infatti osserviamo che se abbiamo una configurazione con somma pari e immaginiamo di scrivere 1 sul blocchetto dove è scritto 2 e 2 sul blocchetto dove è scritto 1[4] otteniamo una configurazione con somma dispari (come mai? Verificatelo!). E viceversa, se in una configurazione con somma dispari scambiamo l'1 e il 2 otteniamo una configurazione con somma pari.

Allora le configurazioni con somma pari e quelle con somma dispari sono in ugual numero: le possiamo infatti far corrispondere a due a due tramite questo scambio dell'1 col 2. Dunque le configurazioni pari sono la metà del totale, ossia

$$\frac{16!}{2} = 10'461'394'944'000.$$

Certo partendo da alcune di queste configurazioni vincere sarà molto facile o persino immediato (fra queste c'è per esempio la configurazione di base, nel qual caso la partita termina in... zero mosse) ma, come vedete, ce ne sono di partite da giocare. E attenzione: le più lunghe (qualcuno naturalmente si è posto anche questa domanda), pur se giocate al meglio, durano 80 mosse.

---

[3]Abbiamo infatti una scelta fra 16 caselle per piazzare il numero 1, poi fra 15 caselle per piazzare il numero 2, fra 14 caselle per piazzare il numero 3 e così via, fino ad ottenere $16 \cdot 15 \cdot 14 \cdot 13 \cdots 3 \cdot 2 \cdot 1$.

[4]Questo equivale a permutare i due blocchetti, ma attenzione, non pretendiamo di farlo con le mosse del gioco! Anzi dalla conclusione capirete che sarebbe impossibile farlo con le mosse consentite.

Capitolo 9
Variazioni sul tema

9.1 Foto di famiglia: il gioco del 15 e i grafi con etichette

Una prima generalizzazione del gioco del 15 consiste nel variare il numero di blocchetti, ossia considerare, invece che la tradizionale scatola 4×4 con dentro 15 blocchetti, scatole $n \times n$ con dentro $n^2 - 1$ blocchetti, numerati da 1 a $n^2 - 1$. Varranno ancora le osservazioni fatte per il caso 4×4? Proviamo subito a pensare all'esempio più semplice, la versione 2×2, ossia il 'gioco del 3' (vedi Fig. 9.1). Quante sono le configurazioni possibili?

◀ **Figura 9.1** Queste due configurazioni del 'gioco del 3' non sono collegabili con le mosse del gioco

Dovendo piazzare 4 blocchetti (incluso al solito lo spazio vuoto) in 4 caselle, la risposta è 4! = 24. Ci si rende subito conto che, data una configurazione, l'unico tipo di mossa che possiamo fare è uno 'spostamento lungo la cornice'. Allora da ogni configurazione possiamo ottenerne solo altre undici. Questo significa che nel grafo del gioco ogni componente connessa ha esattamente 12 vertici e le componenti connesse sono ancora una volta 2.

Esercizio 9.1 Consideriamo due configurazioni che appartengono alla stessa componente connessa del grafo del gioco del 3. Dimostrare che in al più sei mosse si può passare dall'una all'altra.

Cosa accadrà in generale nel caso $n \times n$? E poi: la scatola potrebbe non essere quadrata, ma rettangolare. Si potrebbe pensare ad una scatola $n \times m$ con dentro $nm - 1$ blocchetti. Di domanda in domanda, il problema si affina... e acquista sempre maggiore 'consistenza' matematica, fino ad arrivare alla interessante generalizzazione del gioco del 15 che è stata proposta da R.M. Wilson in [49].

Supponiamo di disegnare sul piano un grafo connesso con n vertici ($n \geq 2$), e di distribuire i numeri $1, 2, 3, 4, \ldots, n - 1$ come etichette sui vertici, lasciando un vertice senza etichetta, come nelle Fig. 9.2, 9.3.

A questo punto possiamo giocare facendo scorrere le etichette: se una etichetta si trova su di un vertice collegato da un arco al vertice senza etichetta, possiamo 'farla scorrere lungo l'arco' e metterla sul vertice senza etichetta (il vertice da cui è partita resta dunque senza etichetta).

Naturalmente bisogna che, prima di iniziare a giocare, si decida quale configurazione vogliamo ottenere. Se si riesce ad ottenerla si vince.

Nel caso di un grafo con n vertici, ci sono $n!$ configurazioni, ossia tante quanti sono i modi di disporre le n etichette (contando anche quella vuota) sugli n vertici.

Delucchi E., Gaiffi G., Pernazza L.: Giochi e percorsi matematici
DOI 10.1007/978-88-470-2616-2_9, © Springer-Verlag Italia 2012

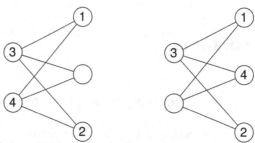

▲ **Figura 9.2**   Il gioco di Wilson su un grafo con cinque vertici. Esempio di una mossa in cui l'etichetta 4 viene spostata da un vertice all'altro

A questo punto una domanda diventa cruciale: quali di queste configurazioni possono essere collegate dalle mosse del gioco?

Per prima cosa osserviamo che il gioco del 15 è un gioco di questo tipo (vedi Fig. 9.4); in questo caso sappiamo che le configurazioni vengono divise in due grandi famiglie[1], quelle 'pari' e quelle 'dispari', collegabili al loro interno dalle mosse del gioco.

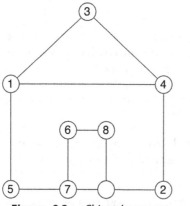

▲ **Figura 9.3**   Chi vuole provare una partita 'casalinga' al gioco di Wilson?

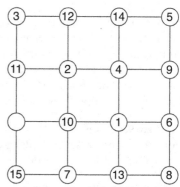

▲ **Figura 9.4**   Il gioco del 15 sotto forma di gioco su un grafo

Ma anche le generalizzazioni del gioco del 15 su scatole $n \times m$ sono casi particolari del gioco di Wilson. Abbiamo già osservato per esempio che anche il caso 2×2 prevede due famiglie. C'è una regola generale?

Quello che accade è molto interessante. Se il grafo è un ciclo di n vertici, l'insieme delle configurazioni si spezza in $(n-2)!$ famiglie. Se il grafo non è un ciclo, ma è comunque *biconnesso*[2] ci sono invece due sole alternative (con una unica eccezione, data dal grafo biconnesso della Fig. 9.5):

---

[1]Chiamiamo dunque famiglia - qui e nelle righe successive - un insieme di configurazioni che, viste nel grafo del gioco, costituiscono una stessa componente connessa.

[2]Ossia, lo ricordiamo, il grafo ha almeno tre vertici e, anche se cancelliamo un qualunque vertice e tutti gli archi che arrivano in quel vertice, la figura rimane connessa; vedi la Definizione 5.12.

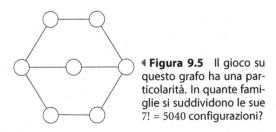

◀ **Figura 9.5** Il gioco su questo grafo ha una particolarità. In quante famiglie si suddividono le sue 7! = 5040 configurazioni?

Teorema 9.2 (Wilson, [49]) *Per il gioco su un grafo semplice biconnesso che non è un ciclo ed è diverso dal grafo della Fig. 9.5 vale una delle seguenti alternative:*
- *le configurazioni sono tutte collegabili fra di loro dalle mosse del gioco;*
- *le configurazioni si dividono in due famiglie.*

I grafi biconnessi per cui le configurazioni del gioco si dividono in due famiglie sono esattamente i grafi biconnessi bipartiti[3] *che non sono cicli.*

Dunque quello che accade per il gioco del 15 è un esempio di un fenomeno assai più generale.

Proponiamo al lettore di studiare i casi dei grafi delle Fig. 9.2, 9.3 e di divertirsi con i seguenti due esempi, che illustrano bene il risultato di Wilson.

Esercizio 9.3 Nel gioco in Fig. 9.6, che è stato soprannominato 'Lucky 7' in [5], in quante famiglie si suddividono le configurazioni?

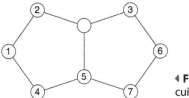

◀ **Figura 9.6** Lucky 7: il grafo su cui si gioca è bipartito?

Esercizio 9.4 Nel gioco in Fig. 9.7, in quante famiglie si suddividono le configurazioni? Come mai il risultato è diverso dal caso di Lucky 7? È importante osservare che nel grafo di Lucky 7 c'è un ciclo, anzi due, di lunghezza dispari...

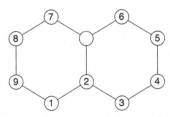

◀ **Figura 9.7** Quante sono le configurazioni possibili? E in quante famiglie si dividono?

---

[3]La definizione di grafo bipartito la abbiamo data nel Paragrafo 5.2.

Capitolo 10
In primo piano: gruppi e permutazioni

In questo capitolo, prendendo lo spunto dal gioco del 15, cominceremo a studiare il concetto di permutazione (per ulteriori approfondimenti rinviamo a [31]): questo ci permetterà di introdurre i *gruppi* e di 'rileggere' ad un livello più profondo il gioco del 15.

Ricordiamo che nel Paragrafo 8.1 abbiamo associato ad una configurazione del gioco del 15 la lista ordinata di numeri

$$g_1, g_2, \ldots, g_{15}, g_{16},$$

ottenuta leggendo per righe, dall'alto verso il basso, da sinistra verso destra, i numeri scritti sui blocchetti, e considerando lo spazio vuoto come un blocchetto con sopra scritto il numero 16.

Una mossa del gioco cambia la configurazione, e dunque la lista: per esempio la rotazione della cornice rappresentata nella Fig. 10.1, si può leggere, a livello di

▲ **Figura 10.1**

liste ordinate, come il passaggio dalla lista

$$1, 2, 3, 11, 5, 6, 15, 7, 9, 10, 4, 12, 13, 14, 16, 8$$

alla lista

$$9, 5, 1, 2, 13, 6, 15, 3, 14, 10, 4, 11, 16, 8, 12, 7.$$

Compaiono gli stessi numeri di prima, ovviamente, ma la loro posizione nella lista è cambiata: sono stati *permutati* come conseguenza delle mosse del gioco.

10.1 Permutazioni

Definizione 10.1 Una *permutazione dei numeri* $1, 2, \ldots, n$ è una funzione f biunivoca[1] dall'insieme $\{1, 2, \ldots, n\}$ in se stesso.

---

[1] Abbiamo ricordato la definizione di funzione biunivoca nel Paragrafo 4.3.

Delucchi E., Gaiffi G., Pernazza L.: Giochi e percorsi matematici
DOI 10.1007/978-88-470-2616-2_10, © Springer-Verlag Italia 2012

Per illustrare il concetto possiamo pensare di avere davanti a noi n palline (numerate da 1 a n) e n bicchieri vuoti, anch'essi numerati da 1 a n. Vogliamo supporre che i bicchieri siano grandi abbastanza da contenere ognuna delle palline.

Ora, una permutazione dei numeri $1, \ldots, n$ corrisponde ad un modo di mettere le palline nei bicchieri in modo tale che ogni bicchiere contenga esattamente una pallina.

Osservazione 10.2 Le permutazioni dei numeri $1, 2, \ldots, n$ sono $n! = n(n-1)(n-2)\cdots 2 \cdot 1$. Abbiamo infatti n scelte per decidere in quale bicchiere mettere la pallina col numero 1, $n-1$ per decidere dove mettere quella col numero 2 e così via... (il lettore può formalizzare questa dimostrazione usando il principio di induzione).

Per descrivere le permutazioni è molto utile avere a disposizione una notazione efficiente. Una prima possibilità è illustrata dal seguente esempio. Sia $n = 9$; allora col simbolo

$$f = \begin{pmatrix} 1 & 2 & 3 & 4 & 5 & 6 & 7 & 8 & 9 \\ 3 & 4 & 6 & 1 & 7 & 2 & 8 & 5 & 9 \end{pmatrix}$$

indichiamo la permutazione che manda ogni numero in quello che sta sotto di lui: per esempio 1 va in 3, 2 in 4, 3 in 6, 4 in 1, 5 in 7, e così via. Tornando alle palline e ai bicchieri, possiamo interpretare questa scrittura pensando che nella prima riga ci sia la lista delle palline e che sotto ad ogni pallina sia scritto il numero del bicchiere nel quale viene messa.

Un altro modo di rappresentare la stessa permutazione è la *decomposizione in cicli disgiunti*:

$$f = (1, 3, 6, 2, 4)(5, 7, 8)(9).$$

Questa scrittura va letta così: il primo ciclo (la prima parentesi) ci dice che la f manda 1 in 3, 3 in 6, 6 in 2, 2 in 4 e 4 in 1, ossia ogni elemento viene mandato in quello che lo segue, tranne l'ultimo, che viene rimandato nel primo (ecco perché si chiamano 'cicli'). Il secondo ciclo dice che 5 viene mandato in 7, 7 in 8 e 8 in 5. L'ultimo ciclo dice che 9 viene mandato in se stesso, ossia viene lasciato fisso dalla f ('la pallina numero 9 viene messa nel bicchiere numero 9').

Di solito quando un elemento viene lasciato fisso non lo indichiamo; dunque anche la scrittura

$$f = (1, 3, 6, 2, 4)(5, 7, 8)$$

è una decomposizione di f in cicli disgiunti (l'aggettivo 'disgiunti' si riferisce, come il lettore avrà intuito, al fatto che ogni numero compare al più in un solo ciclo).

La prima osservazione fondamentale è che due permutazioni f e g si possono *comporre*, cioè far agire una dopo l'altra, ottenendo una nuova permutazione. Dunque per comporre due permutazioni f e g bisogna innanzitutto dire quale facciamo agire per prima. Supponiamo che sia la f; in tal caso, secondo la notazione che si usa quando si compongono due funzioni, indicheremo la composizione con il simbolo $g \circ f$.

Questo equivale a riempire i bicchieri con le palline seguendo la regola indicata dalla f e poi prendere altri bicchieri numerati come i primi, ma un po' più grandi, e *mettere i bicchieri piccoli dentro quelli grandi* seguendo la regola data dalla g.

Il risultato della composizione è la permutazione che si ottiene dimenticando i bicchieri piccoli e guardando solo i numeri delle palline e i numeri dei bicchieri grandi in cui sono contenute.

Osserviamo che il numero 1 avrà come immagine il numero $g(f(1))$ e, in generale, il numero a avrà come immagine il numero $g(f(a))$.

Per acquisire familiarità con la composizione di permutazioni e con le notazioni introdotte proviamo per esempio a comporre due permutazioni espresse in cicli disgiunti; considerando il caso $n = 10$, se f è la permutazione

$$f = (1,3,6,2,4,7)(5,8,10)$$

e g è la permutazione

$$g = (1,3)(2,9)$$

qual è la decomposizione in cicli di $g \circ f$?

In concreto, scriviamo

$$(1,3)(2,9)(1,3,6,2,4,7)(5,8,10)$$

mettendo accanto le due espressioni. Comporre le funzioni equivale a seguire il 'cammino' di un numero, applicandogli i cicli da destra a sinistra. Per esempio il ciclo più a destra manda il 5 in 8, il secondo ciclo lascia l'8 fisso, il terzo e il quarto anche. Dunque $g \circ f$ manda il 5 in 8. Seguiamo adesso l'8. Il ciclo più a destra lo manda in 10, il secondo ciclo lascia fisso il 10, e così anche il terzo e il quarto. Dunque per ora abbiamo trovato:

$$g \circ f = (5,8,10\ldots$$

Continuiamo: il 10 viene mandato in 5 dal ciclo più a destra, e il 5 viene poi lasciato fisso. Dunque abbiamo chiuso il primo ciclo:

$$g \circ f = (5,8,10)\ldots$$

Studiamo adesso l'immagine di un altro numero, per esempio il 2 (in questo momento in realtà siamo liberi di partire da un numero qualunque diverso da 5, 8, 10). Otteniamo

$$g \circ f = (5,8,10)(2,4\ldots$$

Ora dobbiamo seguire il 4

$$g \circ f = (5,8,10)(2,4,7\ldots$$

Poi il 7, che viene lasciato fisso dal ciclo più a destra, e viene mandato in 1 dal secondo ciclo. Il terzo ciclo lascia fisso l'1 e il quarto manda 1 in 3. Dunque

$$g \circ f = (5,8,10)(2,4,7,3\ldots$$

Continuando così arriviamo a

$$g \circ f = (5,8,10)(2,4,7,3,6,9)(1) = (5,8,10)(2,4,7,3,6,9)$$

che è la decomposizione in cicli disgiunti che cercavamo.

Osservazione 10.3 È facile vedere che, se $n \geq 3$, non è detto che $g \circ f = f \circ g$. Basta considerare $f = (1, 2)$, $g = (1, 3)$, calcolare:

$$g \circ f = (1, 3)(1, 2) = (1, 2, 3)$$
$$f \circ g = (1, 2)(1, 3) = (1, 3, 2)$$

e osservare che la permutazione $(1, 2, 3)$ è diversa da $(1, 3, 2)$.

10.2 Gruppi e permutazioni

Chiamiamo S_n l'insieme delle permutazioni di $\{1, 2, \ldots, n\}$. Nel paragrafo precedente abbiamo messo in luce che questo insieme possiede una 'struttura aggiuntiva': lo abbiamo presentato come insieme munito di una **operazione**, appunto la composizione fra funzioni. Questa operazione ha le seguenti caratteristiche:

- per ogni $f, g, h \in S_n$ vale $(f \circ g) \circ h = f \circ (g \circ h)$ (proprietà associativa);
- esiste un elemento neutro per $\circ$, ossia una funzione $e : \{1, 2, \ldots, n\} \to \{1, 2, \ldots, n\}$ tale che, per ogni $f \in S_n$ vale $f \circ e = e \circ f = f$ (più precisamente l'elemento neutro e è la funzione che manda ogni elemento di $\{1, 2, \ldots, n\}$ in se stesso);
- per ogni $f \in S_n$ esiste una inversa di f rispetto a $\circ$, ossia una funzione $g \in S_n$ tale che $f \circ g = g \circ f = e$.

Esercizio 10.4 Verificare le proprietà precedenti e anche che, data una permutazione $f \in S_n$, la sua inversa è unica. Come si può scrivere concretamente, data una permutazione f decomposta in cicli disgiunti, l'inversa di f?

Suggerimento. Cominciare da un esempio, trovando in S_6 la permutazione inversa di $f = (2, 4, 6, 1)$.

Esercizio 10.5 Consideriamo la permutazione $g = (2, 4, 6, 1)(3, 5, 7)(8, 9) \in S_9$ e le sue 'potenze' $g, g^2 = g \circ g, g^3 = g \circ g \circ g, g^4, g^5, g^6, \ldots$ Dimostrare che fra queste potenze c'è l'elemento neutro e. In generale, data una permutazione $h \in S_n$ la cui decomposizione in cicli disgiunti ha k cicli di lunghezza rispettivamente $l_1, l_2, \ldots, l_k$, indicare, in funzione dei numeri $l_1, l_2, \ldots, l_k$, quali sono i numeri interi positivi m tali che $h^m = e$.

In generale, un insieme munito di una operazione che soddisfa queste proprietà si chiama *gruppo*. Diamo, per completezza, la definizione astratta di gruppo.

Definizione 10.6 Un *gruppo* G è un insieme non vuoto dotato di una operazione che ad ogni coppia di elementi $a, b \in G$ associa un elemento di G indicato con $a \cdot b$ e ha le seguenti proprietà:

1. per ogni $a, b, c \in G$ vale $a \cdot (b \cdot c) = (a \cdot b) \cdot c$ (proprietà associativa);
2. esiste un elemento $e \in G$ tale che $a \cdot e = e \cdot a = a$ per ogni $a \in G$ (esistenza dell'elemento neutro in G);
3. per ogni $a \in G$ esiste un elemento $a^{-1} \in G$ tale che $a \cdot a^{-1} = a^{-1} \cdot a = e$ (esistenza dell' inverso in G).

Un gruppo si dice *commutativo* se, per ogni $a, b \in G$ vale $a \cdot b = b \cdot a$. Un gruppo G si dice *finito* se ha un numero finito di elementi.

Il gruppo S_n si chiama *gruppo simmetrico su n elementi*. In conseguenza dell'Osservazione 10.3 del paragrafo precedente sappiamo che, per $n \geq 3$, S_n non è commutativo.

Più in generale, dato un insieme X, finito o infinito, consideriamo l'insieme $\mathcal{B}(X)$ di tutte le funzioni biunivoche da X in sé. Date due funzioni $f, g \in \mathcal{B}(X)$, la loro composizione $g \circ f$ è, come sappiamo, l'elemento di $\mathcal{B}(X)$ tale che $(g \circ f)(x) = g(f(x))$ per ogni $x \in X$. L'operazione di composizione fra funzioni rende $\mathcal{B}(X)$ un gruppo.

Andiamo alla ricerca di altri gruppi, cominciando da alcuni insiemi che ci sono molto familiari: l'insieme dei numeri interi $\mathbb{Z}$ considerato con l'operazione $+$ è un gruppo commutativo infinito; rispetto alla moltiplicazione, invece, non è un gruppo, perché solo gli elementi 1 e -1 hanno un inverso. L'insieme dei numeri naturali $\mathbb{N}$ non è un gruppo né rispetto all'addizione né rispetto alla moltiplicazione. L'insieme $\mathbb{R}$ dei numeri reali è un gruppo commutativo rispetto all'addizione e l'insieme $\mathbb{R} - \{0\}$ è un gruppo commutativo rispetto alla moltiplicazione. Lo stesso si può dire per quel che riguarda l'insieme $\mathbb{Q}$ dei numeri razionali.

Il lettore troverà altri interessanti esempi di gruppi negli esercizi dei Paragrafi 12.1 e 12.2.

10.3 Pari o dispari?

Approfondiamo lo studio del gruppo S_n. Le permutazioni che scambiano due elementi fra di loro lasciando fissi tutti gli altri, ossia quelle della forma (i, j), si chiamano *trasposizioni*.

Notiamo che ogni permutazione si può scrivere come prodotto di trasposizioni, non necessariamente disgiunte. Per esempio, consideriamo in S_{10} la permutazione

$$f = (2, 6, 3, 7, 5, 9, 10).$$

Osserviamo che vale[2] :

$$f = (2, 6, 3, 7, 5, 9, 10) = (2, 10) \circ (2, 9) \circ (2, 5) \circ (2, 7) \circ (2, 3) \circ (2, 6).$$

Questo esempio ci permette subito di intuire come comportarsi nel caso in cui la permutazione sia composta da un solo ciclo. Se invece consideriamo una permutazione che si scrive come prodotto di vari cicli disgiunti, possiamo esprimere ogni ciclo come prodotto di trasposizioni: così facendo, la permutazione risulta prodotto di tutte le trasposizioni che abbiamo usato per ottenere i cicli. Per

---

[2]Dobbiamo fare una precisazione: nell'espressione che segue usiamo il simbolo $\circ$ per indicare l'operazione del gruppo, mentre quando scriviamo la decomposizione di una permutazione in cicli disgiunti non lo usiamo. Per esempio $(1, 2)(3, 4)$ e $(1, 2) \circ (3, 4)$ sono la stessa permutazione. Nel seguito talvolta $\circ$ comparirà, talvolta no, per non sovraccaricare troppo la notazione. Sarà comunque sempre chiaro che è in gioco l'operazione del gruppo, ossia la composizione di permutazioni.

esempio, in S_8 consideriamo

$$g = (2,6,3,7,5)(4,8,1).$$

Visto che $(2,6,3,7,5) = (2,5) \circ (2,7) \circ (2,3) \circ (2,6)$ e $(4,8,1) = (4,1) \circ (4,8)$ allora vale:

$$g = (2,6,3,7,5)(4,8,1) = (2,5) \circ (2,7) \circ (2,3) \circ (2,6) \circ (4,1) \circ (4,8).$$

La questione che ci interessa discutere in questo paragrafo, e che risulta decisiva per approfondire la conoscenza delle permutazioni (e per capire fino in fondo il gioco del 15 e le sue generalizzazioni su scacchiere $n \times m$) è: quando scriviamo una permutazione come prodotto di trasposizioni c'è un modo solo di farlo o no?

Che la risposta sia 'no' risulta chiaro anche solo studiando un piccolo esempio; in S_3 la trasposizione $h = (1,2)$ si può scrivere in vari modi come prodotto di trasposizioni:

$$h = (1,2) = (2,3)(1,3)(2,3) = (1,3)(1,2)(1,3)(1,3)(2,3).$$

Ma questo primo fallimento non deve far diminuire l'interesse per la questione. Come il lettore avrà forse notato, tutte le espressioni del nostro controesempio contengono un numero *dispari* di trasposizioni: abbiamo espresso h come singola trasposizione, o come prodotto di tre trasposizioni, o come prodotto di cinque trasposizioni.

Sta 'affiorando' la presenza di un invariante.

Teorema 10.7 *Consideriamo una permutazione $f \in S_n$ ($n \geq 2$) che si può scrivere come prodotto di un numero pari di trasposizioni. Ogni altra scrittura di f come prodotto di trasposizioni conterrà un numero pari di trasposizioni. Analogo risultato vale se sostituiamo nell'enunciato 'pari' con 'dispari'.*

Dunque la parità del numero di trasposizioni che occorrono per scrivere una permutazione è un 'invariante': non dipende dalla particolare scrittura scelta.

Dimostrazione. [Traccia] Studiamo prima il caso $n = 3$. Il gruppo S_3 ha 6 elementi: l'elemento neutro e, tre trasposizioni e due permutazioni della forma (i,j,k).

Facciamo agire S_3 sui polinomi nelle tre variabili x_1, x_2, x_3 nel seguente modo naturale: l'elemento neutro lascia fisso ogni polinomio, una trasposizione (i,j) scambia la variabile x_i con la variabile x_j e una permutazione (i,j,k) trasforma la variabile x_i nella x_j, la x_j nella x_k e la x_k nella x_i. Consideriamo adesso il polinomio

$$p(x_1, x_2, x_3) = (x_1 - x_2)(x_1 - x_3)(x_2 - x_3).$$

La permutazione $(1,2,3)$ agisce su $p(x_1, x_2, x_3)$ trasformandolo in $(x_2 - x_3)(x_2 - x_1)(x_3 - x_1)$ che a ben vedere è in realtà uguale a $p(x_1, x_2, x_3)$, mentre la permutazione $(1,2)$ trasforma $p(x_1, x_2, x_3)$ in $(x_2 - x_1)(x_2 - x_3)(x_1 - x_3)$ ossia in $-p(x_1, x_2, x_3)$.

Come si intuisce subito, quando una permutazione agisce su $p(x_1, x_2, x_3)$, o lo lascia uguale o lo manda in $-p(x_1, x_2, x_3)$. In particolare, si osserva facilmente che ogni trasposizione manda $p(x_1, x_2, x_3)$ in $-p(x_1, x_2, x_3)$.

Dunque, supponiamo che un certo elemento $f \in S_3$ si possa scrivere come prodotto di n trasposizioni ma anche come prodotto di m trasposizioni, con n dispari e m pari. Cosa accade quando f agisce su $p(x_1, x_2, x_3)$? Se pensiamo f come prodotto di n trasposizioni, per sapere come agisce f basta applicare una dopo l'altra queste n trasposizioni[3]. Dunque cambieremo il segno n volte e, visto che n è dispari, otterremo $-p(x_1, x_2, x_3)$. Analogamente, se pensiamo la permutazione f come prodotto di m trasposizioni e la facciamo agire su $p(x_1, x_2, x_3)$, otterremo $p(x_1, x_2, x_3)$ dato che m è pari. Questo è un assurdo, dunque non è possibile che n e m siano uno dispari e uno pari.

La dimostrazione per n generico è del tutto simile. Si parte considerando n variabili $x_1, x_2, \ldots, x_n$ e costruendo il polinomio $p(x_1, x_2, \ldots, x_n) = \prod_{i<j}(x_i - x_j)$ dato, come indica il simbolo, dal prodotto di tutti i possibili polinomi $x_i - x_j$ con $i < j$. L'osservazione cruciale è ancora una volta quella che una trasposizione agisce su $p(x_1, x_2, \ldots, x_n)$ cambiando il suo segno...

Esercizio 10.8 Completare nei dettagli la dimostrazione generale del teorema.

Dal Teorema 10.7 segue che possiamo dividere gli elementi di S_n in due famiglie: le permutazioni 'pari' e quelle 'dispari'.

Esercizio 10.9 Dimostrare che le permutazioni pari di S_n sono tante quante quelle dispari. *Suggerimento*. Sia f pari. Allora $f \circ (1, 2)$ è dispari.

10.4 Di nuovo il gioco del 15

Il gioco del 15 è in realtà equivalente a un gioco la cui 'scacchiera' è il gruppo S_{16}. Sia infatti C una configurazione del gioco del 15. Abbiamo osservato che possiamo associare a C una lista ordinata di numeri $g_1, g_2, \ldots, g_{15}, g_{16}$. È interessante rileggere questa osservazione dicendo che associamo a C una permutazione f_C dell'insieme $\{1, 2, \ldots, 16\}$, precisamente la seguente:

$$f_C = \begin{pmatrix} 1 & 2 & 3 & 4 & \ldots & \ldots & 15 & 16 \\ g_1 & g_2 & g_3 & g_4 & \ldots & \ldots & g_{15} & g_{16} \end{pmatrix}.$$

Fare una mossa che ci porta dalla configurazione C alla configurazione C' si traduce nel linguaggio delle permutazioni dicendo che componiamo la permutazione data dalla configurazione C con quella data dallo scambio delle posizioni dei blocchetti. Quest'ultima sarà una trasposizione, visto che i blocchetti che si 'spostano' sono due, quello della casella vuota e un altro. Allora abbiamo:

$$f_{C'} = f_C \circ (i, j).$$

---

[3] Qui è implicita la seguente importante osservazione: date $f, g \in S_3$, far agire la permutazione prodotto $f \circ g$ su $p(x_1, x_2, x_3)$, è la stessa cosa che far agire prima la g e poi, sul polinomio ottenuto, la f. Questo si può dimostrare 'seguendo' una per una le variabili nelle due trasformazioni: x_1, per esempio, verrà trasformata in $x_{(f \circ g)(1)}$ dalla $f \circ g$, mentre dalla g viene trasformata in $x_{g(1)}$ e, quando entra in azione la f, $x_{g(1)}$ viene trasformata in $x_{f(g(1))}$. Ma per definizione di composizione di funzioni $(f \circ g)(1) = f(g(1))$.

Per esempio se lo spazio vuoto è in quarta posizione (quella in alto a destra), spostarlo verso il basso vuol dire portarlo in ottava posizione, ossia comporre con la trasposizione $(4, 8)$[4].

Giocare al gioco del 15 dunque vuol dire partire da una permutazione che è associata ad una configurazione e, componendo successivamente con le trasposizioni associate alle mosse, arrivare alla configurazione base, a cui è associata la permutazione e che lascia fissi tutti i numeri.

Esercizio 10.10 Provare a pensare, facendo almeno alcuni esempi, quali sono esattamente le trasposizioni (i, j) che corrispondono alle mosse possibili nel gioco del 15.

Come potete intuire, questo nuovo punto di vista apre il campo a molte generalizzazioni del gioco del 15 (talune anche molto più difficili dell'originale), sotto forma di 'ricerca di percorsi' nell'insieme delle permutazioni; si tratta solo di fissare delle regole che descrivono le mosse possibili, ossia specificare quali permutazioni possiamo applicare.

Esercizio 10.11 Pensare ad una di queste generalizzazioni del gioco del 15, per esempio quella in cui sono ammesse come mosse *tutte* le trasposizioni. Quante componenti connesse ha il grafo di questo gioco?

10.5 L'invariante del gioco del 15 'svelato'

Possiamo a questo punto ripensare all'invariante del gioco del 15, mettendo a frutto la nostra conoscenza del gruppo simmetrico. Ad ogni configurazione C del gioco sappiamo associare una permutazione in S_{16}, che abbiamo chiamato f_C. Quando facciamo una mossa e dalla configurazione C otteniamo la C', a livello di permutazioni, come sappiamo, si tratta di comporre la f_C con una trasposizione, dunque la $f_{C'}$ è una permutazione di parità opposta a quella di f_C.

A questo punto ricordiamo che la somma del 15 di C è definita da:

$$S_C = n_1 + n_2 \ldots + n_{15} + n_{16} + dist_C$$

dove n_i è il numero di elementi della lista

$$g_1, g_2, \ldots, g_{15}, g_{16},$$

che sono a destra di g_i e sono minori di g_i, e $dist_C$ è il numero minimo di mosse che si devono fare per portare lo spazio vuoto nell'angolo in basso a destra.

Teorema 10.12 *Data una configurazione C, il numero $n_1 + n_2 \ldots + n_{15} + n_{16}$ è pari se e solo se la permutazione f_C è pari (dunque è dispari se e solo se f_C è dispari).*

---

[4]Attenzione, non tutte le trasposizioni (i, j) corrispondono a mosse ammissibili nel gioco!

Dimostrazione. Ricordiamo che f_C è la permutazione

$$\begin{pmatrix} 1 & 2 & 3 & 4 & \dots & \dots & 15 & 16 \\ g_1 & g_2 & g_3 & g_4 & \dots & \dots & g_{15} & g_{16} \end{pmatrix}.$$

Per sapere se è pari o dispari basta scoprire se lascia fisso o no il polinomio $p(x_1, x_2, \dots, x_{16}) = \prod_{i<j}(x_i - x_j)$. Il fattore $x_i - x_j$ verrà trasformato da f_C in $x_{g_i} - x_{g_j}$, fattore che è già presente in $\prod_{i<j}(x_i - x_j)$, con l'unica cautela che se $g_i > g_j$ lo abbiamo ottenuto col segno opposto. Fissato i, al variare di $j > i$, i fattori del tipo $x_{g_i} - x_{g_j}$ che hanno segno 'sbagliato' sono esattamente n_i. Dunque se $n_1 + n_2 \dots + n_{15} + n_{16}$ è pari i segni si cancellano e la f_C manda $p(x_1, x_2, \dots, x_{16})$ in sé. Questo dimostra che f_C è una permutazione pari; per lo stesso motivo, se $n_1 + n_2 \dots + n_{15} + n_{16}$ è dispari allora f_C è dispari. □

A questo punto l'invariante del gioco del 15 non ha più segreti. Supponiamo infatti di partire da una configurazione C con S_C pari. Questo può accadere in due casi:

- $n_1 + n_2 \dots + n_{15} + n_{16}$ e $dist_C$ sono entrambi dispari;
- $n_1 + n_2 \dots + n_{15} + n_{16}$ e $dist_C$ sono entrambi pari.

Consideriamo il primo dei due casi (l'altro è analogo). Facciamo una mossa e otteniamo C': come abbiamo appena visto, dato che f_C è una permutazione dispari, allora $f_{C'}$ è una permutazione pari, dunque, per il Teorema 10.12, la somma $n_1 + n_2 \dots + n_{15} + n_{16}$ relativa alla configurazione C' è pari. E che differenza c'è fra $dist_C$ e $dist_{C'}$? Visto che la casella vuota si è spostata di un posto, questi due numeri hanno parità diversa fra loro: dunque $dist_{C'}$ è pari.

Esercizio 10.13 Dimostrare nel dettaglio quest'ultima affermazione.

Suggerimento. Una strada potrebbe essere quella di osservare che, data una configurazione C, $dist_C$ è uguale alla distanza della casella vuota dal bordo inferiore, più la distanza della casella vuota dal bordo destro.

Questo dimostra che $S_{C'}$ ha la stessa parità di S_C, e l'invariante è svelato in termini del gruppo simmetrico: la somma del 15 si spezza nella somma di due numeri che, ad ogni mossa, cambiano entrambi di parità.

10.6 Il vantaggio di essere saliti più in alto

Tiriamo le fila, al termine del nostro 'incontro' col gruppo simmetrico.

Conoscere le permutazioni ci ha permesso di scoprire l'origine dell'invariante del gioco del 15: nascosta dietro quella somma apparentemente piovuta dal cielo c'è la suddivisione delle permutazioni in pari e dispari, una caratteristica strutturale del gruppo S_n.

Inoltre la dimostrazione che abbiamo appena illustrato è generale, non procede per casi. Nel Paragrafo 8.2, dopo aver introdotto l'invariante, abbiamo suddiviso le mosse in quattro tipi (a seconda se la casella vuota si muove verso destra, verso sinistra, verso l'alto o verso il basso) e abbiamo indicato come per ognuno di questi tipi sia possibile fare un conto dettagliato e mostrare che l'invariante non cambia.

Ora invece la linea della dimostrazione è più elegante: consiste nell'osservare che fare una qualunque mossa vuol dire comporre con una trasposizione e spostare di un posto la casella vuota rispetto alla posizione di riferimento (quella in basso a destra); dopodiché la conoscenza del gruppo simmetrico ci permette di concludere.

Questo approfondimento ci regala anche altre soddisfazioni, come c'è da aspettarsi quando si 'sale più in alto' e si possono vedere cose che prima non si vedevano: per esempio possiamo indicare, in maniera elegante, un invariante per i giochi su scatole $n \times m$.

Anche in questo caso generalizzato possiamo infatti interpretare ogni configurazione C come un elemento f_C del gruppo simmetrico su nm elementi S_{nm}; fare una mossa è ancora equivalente a comporre con una trasposizione e ha come ulteriore effetto quello di spostare la casella vuota di un posto rispetto all'angolo in basso a destra. Possiamo a questo punto costruire una 'somma del gioco' relativa ad una configurazione C:

$$S_C = \text{parità di } f_C + dist_C$$

e dedurre che la parità di tale somma non varia quando si fa una mossa.

Dunque le configurazioni si spezzano in *almeno* due famiglie, quelle con somma pari e quelle con somma dispari. Questo ancora non assicura che le famiglie siano *esattamente* due, ossia che con le mosse del gioco si possa passare da una configurazione pari ad un'altra qualsiasi configurazione pari (e lo stesso per le dispari). Il teorema di Wilson (Teorema 9.2) ci assicura che è vero (il grafo in questione ha $n \times m$ vertici, è biconnesso e bipartito...). Stavolta però non possiamo dire di essere vicini ad una dimostrazione completa: per ottenerla dovremmo dimostrare il teorema di Wilson (almeno per questo tipo di grafi, e la strada non è breve... si veda il Paragrafo 12.2 nel capitolo degli esercizi) o, in alternativa, potremmo descrivere un algoritmo che porta alla soluzione (anche qui, scrivere tutti i dettagli non è immediato). Insomma, giunti in alto, si scopre sempre che ci sono ancora altre mete da raggiungere e altri paesaggi da conoscere. Ma nulla ci impedisce intanto di godere la vista!

Capitolo 11
In primo piano: invarianti

In matematica un invariante è usato per distinguere oggetti in base alla sua... variazione.

In questo 'primo piano' vogliamo spiegare perché l'affermazione precedente non è un paradosso!

Siccome l'approfondimento di questi temi richiede un apparato di linguaggio più avanzato rispetto al nostro contesto, abbiamo preferito fare un breve capitolo illustrativo che si appoggia ad alcuni paragrafi di esercizi nel Capitolo 12. Lì il lettore potrà trovare applicazioni concrete per 'toccare con mano' il concetto di invariante matematico.

11.1 Verso una prima definizione

Quando si dice *invariante* in matematica si sottintende 'proprietà, caratteristica, quantità invariante'. Ma 'invariante' *tra chi*?

Ad esempio, la proprietà 'avere due soli divisori positivi' è invariante all'interno dell'insieme dei numeri primi (qui infatti è sempre vera), mentre non lo è più se estendiamo la considerazione a tutti i numeri interi.

Volendo essere più precisi conviene esprimere la proprietà di cui si parla con valori numerici. Nell'esempio precedente, la proprietà che ci interessa può essere espressa anche utilizzando la funzione che ad ogni numero intero assegna il numero dei suoi divisori positivi (e magari assegna ∞ allo 0...). Tale funzione non varia all'interno del sottoinsieme dei numeri primi, visto che vale 2 su ogni numero primo (anche se non *caratterizza* tale sottoinsieme: osserviamo infatti che ci sono anche altri numeri interi, gli opposti dei numeri primi, su cui la funzione vale 2). Ecco qualche altro esempio.

Esempio 11.1 Nella famiglia X di tutte le funzioni di una variabile reale e a valori reali vogliamo studiare le funzioni f che soddisfano la proprietà $f(0) = f(1)$.

Tale proprietà si può riscrivere $f(0) - f(1) = 0$ e quindi ci incoraggia a considerare una funzione I che associa ad ogni f in X il numero

$$I(f) = f(0) - f(1).$$

La funzione I è dunque un *invariante* degli oggetti che vogliamo studiare. In questo caso li caratterizza anche, visto che tali oggetti sono 'tutte e sole le funzioni per cui $I(f) = 0$'.

Avendo introdotto l'invariante I come una funzione diventa naturale osservare l'insieme delle immagini di I (e non solo lo 0). Abbiamo individuato (o, se preferite, *creato*) una struttura all'interno di X. Quella che prima era una collezione di funzioni 'alla rinfusa' appare ora più ordinata, perché suddivisa secondo il valore di I.

Delucchi E., Gaiffi G., Pernazza L.: Giochi e percorsi matematici
DOI 10.1007/978-88-470-2616-2_11, © Springer-Verlag Italia 2012

Come sappiamo anche il 'nostro' invariante del gioco del 15 si può rappresentare con una funzione.

Esempio 11.2 Sia ora X l'insieme di tutte le configurazioni del gioco del 15. Abbiamo visto nel Paragrafo 8.1 che ad ogni configurazione C è associata la *somma del 15* S_C. L'invariante che abbiamo usato corrisponde alla funzione

$$I(C) = \text{la parità della somma del 15 } S_C,$$

e abbiamo mostrato che questo è un invariante sull'insieme delle configurazioni raggiungibili dalla configurazione di base tramite sequenze di mosse 'lecite' (il teorema di Wilson ci assicura inoltre che questa funzione può essere usata per caratterizzare tali configurazioni). La dimostrazione del fatto che la configurazione di Chapman (chiamiamola Ch) non è riconducibile alla configurazione di base (chiamiamola B) ora si riassume così:

$$I(Ch) \neq I(B).$$

La funzione I dell'esempio precedente esprime una 'parità', dunque può venire rappresentata come una funzione a valori nell'insieme $\{0, 1\}$. Nel prossimo esempio osserviamo come la funzione I che descrive un invariante possa assumere dei valori anche non numerici.

Esempio 11.3 Tra le funzioni f di una variabile reale vogliamo ora studiare quelle *pari*, ovvero quelle che soddisfano la proprietà

$$\text{per ogni } t \in \mathbb{R}, \ f(t) = f(-t).$$

In analogia con gli esempi precedenti definiamo qui una funzione I che associa ad ogni funzione f *un'altra funzione* $I(f)$, definita da

$$I(f)(t) = |f(t) - f(-t)|.$$

Possiamo dire che I è un invariante delle funzioni pari, perchè se f è pari vale

$$I(f) = \underline{0}$$

dove il simbolo $\underline{0}$ indica la *funzione costante* 0. Anche in questo caso la relazione appena scritta caratterizza le funzioni pari.

Sulla base delle nostre osservazioni, e di questi esempi, possiamo formulare una prima definizione di invariante.

Definizione 11.4 Fissato un insieme di oggetti X, un *invariante* di un sottoinsieme S di X è una funzione I definita su tutto X tale che $I(s) = I(s')$ per tutti gli s, s' in S.

Osserviamo che la definizione non richiede che l'invariante caratterizzi il sottoinsieme S (ciò accadeva in alcuni dei nostri esempi, ma non in quello dei numeri primi).

11.2 Azione!

Fin qui abbiamo chiarito che parlare di un invariante richiede di specificare una proprietà, e all'interno di quale categoria di oggetti la si consideri. L'uso che se ne fa in matematica spesso aggiunge un'ulteriore specificazione: invariante *di una azione*. Questo è il punto dove la questione si fa un po' più astratta - ma anche decisamente più interessante.

Come primo passo verso una definizione precisa pensiamo dapprima ad un gioco, ad esempio il Chomp o il 15, e consideriamo le possibili configurazioni del gioco. Allora ogni mossa M (ad esempio: 'mangiare la prima colonna', 'spostare il blocchetto vuoto di una posizione verso l'alto') agisce sull'insieme delle configurazioni: l'*azione* corrispondente ad M 'trasporta' una configurazione C nella configurazione che si ottiene giocando la mossa data su C, se M è una mossa valida su C; altrimenti (negli esempi sopra, quando la prima colonna della tavoletta di cioccolato è già stata mangiata o quando il blocchetto vuoto è già nella prima riga), l'azione di M lascia C al suo posto. Più precisamente, possiamo dire che ogni mossa M definisce un'*azione*, ovvero una funzione a_M che ad ogni configurazione C associa l'immagine $a_M(C) = C'$, dove $C' = C$ se la mossa M non può essere giocata su C, e altrimenti C' è la configurazione raggiunta partendo da C dopo aver giocato la mossa M.

In questa situazione possiamo riconoscere il concetto di *invariante del gioco* che abbiamo brevemente descritto all'inizio del Capitolo 8, e riformularlo così: un invariante di un gioco è una proprietà (espressa di solito da un numero) definita sull'insieme delle configurazioni tale che tutte le azioni definite dalle mosse 'trasportano' ogni configurazione in un'altra configurazione con la stessa proprietà. Diciamo che tale proprietà è un *invariante dell'azione delle mosse sulle configurazioni del gioco*.

Esempio 11.5 Riprendiamo l'Esempio 11.3 e consideriamo il seguente modo di 'agire' sulle funzioni di una variabile reale: data una funzione f, che indichiamo con

$$f : t \mapsto f(t),$$

la nostra azione a le associa un'altra funzione, $a(f)$, definita da

$$a(f) : t \mapsto f(-t).$$

La funzione I definita nell'Esempio 11.3 è invariante rispetto a questa azione, perché, per ogni t, vale

$$I(a(f))(t) = |a(f)(t) - a(f)(-t)| = |f(-t) - f(-(-t))| =$$

$$= |f(-t) - f(t)| = |f(t) - f(-t)| = I(f)(t)$$

e dunque $I(a(f)) = I(f)$.

In questo caso diremo che I è un *invariante* delle funzioni reali rispetto all'azione di a.

Possiamo prendere spunto dagli ultimi esempi per definire questo nuovo tipo di invarianti.

Definizione 11.6 Dato un insieme di oggetti X e una collezione G di funzioni g : $X \to X$, un *invariante dell'azione di G su X (o di X rispetto all'azione di G)* è una funzione I con insieme di definizione X tale che $I(x) = I(g(x))$ per ogni $x \in X$ e ogni $g \in G$.

A questo punto possiamo approfittare del capitolo precedente, dove abbiamo conosciuto i *gruppi*. Ripartendo dal nostro esempio dei giochi, si vede che le 'azioni' definite dalle mosse possono essere eseguite in sequenza (e in effetti, durante una partita, è proprio quello che succede!). Come abbiamo visto nel Capitolo 10, questa composizione di funzioni conduce all'idea di gruppo.

Più precisamente, nella situazione della Definizione 11.6 possiamo notare che se I è invariante rispetto all'azione di due funzioni g_1 e g_2, allora

$$I(g_1 \circ g_2(x)) = I(g_1(g_2(x))) = I(g_2(x)) = I(x)$$

e quindi I è invariante anche rispetto alla composizione $g_1 \circ g_2$.

Esercizio 11.7 Supponendo che I sia invariante rispetto all'azione di una funzione g, e che esista la funzione g^{-1} inversa di g (ovvero una funzione tale che $g^{-1} \circ g = g \circ g^{-1}$ sia l'identità), mostrare che I è invariante anche rispetto a g^{-1}.

Supponiamo che ogni funzione nell'insieme G possegga un'inversa. Allora possiamo ottenere un *gruppo* da G aggiungendo, se non le contiene già, tutte le possibili composizioni di suoi elementi, le loro inverse e l'identità. Vediamo dunque che un invariante rispetto all'azione di un insieme G è anche un invariante rispetto all'azione del gruppo *generato* da G.

Le azioni di gruppi e i loro invarianti sono un argomento molto affascinante e ricco, di cui in questo libro possiamo dare solo alcuni 'assaggi': negli esercizi del Paragrafo 12.2 considereremo ancora il nostro esempio preferito, il gioco del 15, sotto questo aspetto, mentre negli esercizi del Paragrafo 12.4 descriveremo un gruppo di 'mosse' che lasciano invariante l'insieme delle soluzioni di un sistema di equazioni lineari, e dunque possono essere usate (efficacemente) per semplificarlo.

Capitolo 12
Altri esercizi

12.1 Gruppi e permutazioni

Esercizio 12.1 Consideriamo un triangolo equilatero T nel piano e l'insieme D_3 di tutte le riflessioni s e le rotazioni r che lo mandano in sé (ossia $s(T) = T$, $r(T) = T$)[1]. Dimostrare che le riflessioni in questione sono 3 e le rotazioni sono 3 (inclusa la rotazione banale, ossia l'identità). Dimostrare che D_3, con l'operazione di composizione fra trasformazioni, è un gruppo (con 6 elementi).

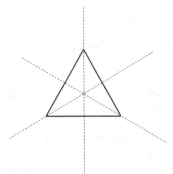

◀**Figura 12.1** Le riflessioni rispetto a queste tre rette mandano il triangolo equilatero in sé

Osservazione 12.2 Può accadere che due gruppi G e H che ci vengono presentati in maniera diversa siano in realtà 'lo stesso gruppo'[2]. Come può succedere? Non solo ci deve essere una corrispondenza biunivoca $f : G \rightarrow H$ fra gli elementi, ma questa corrispondenza deve anche 'preservare' le operazioni. In altre parole, se moltiplichiamo in G due elementi a e b e in H i due elementi corrispondenti $f(a)$ e $f(b)$, deve accadere che l'elemento ottenuto in G e quello ottenuto in H si corrispondono tramite la f. Più precisamente: sia $\circ$ il simbolo che indica l'operazione in G e $*$ il simbolo che indica l'operazione in H, allora per ogni $a, b \in G$ deve valere

$$f(a \circ b) = f(a) * f(b).$$

Esercizio 12.3 Dimostrare che il gruppo D_3 studiato nell'esercizio precedente e il gruppo simmetrico su tre elementi S_3 sono in realtà 'lo stesso gruppo'.

---

[1]Questo vuol dire che l'immagine del triangolo rispetto alla trasformazione è il triangolo stesso, ma non significa che ogni punto del triangolo viene mandato in se stesso.

[2]Formalmente si dice che 'sono isomorfi'.

Delucchi E., Gaiffi G., Pernazza L.: Giochi e percorsi matematici
DOI 10.1007/978-88-470-2616-2_12, © Springer-Verlag Italia 2012

Esercizio 12.4 Sia R_6 l'insieme delle rotazioni che mandano un esagono regolare in sé. Dimostrare che, con l'operazione data dalla composizione, R_6 è un gruppo costituito da 6 elementi. Dimostrare che R_6 e D_3 non sono isomorfi.

Esercizio 12.5 Consideriamo nel piano un poligono regolare con n lati ($n \geq 3$). Sia D_n l'insieme di tutte le riflessioni e le rotazioni che lo mandano in sé. Dimostrare che D_n, con l'operazione di composizione, è un gruppo con esattamente $2n$ elementi (ed elencare tutti gli elementi).

Esercizio 12.6 Consideriamo il gruppo D_4. Dimostrare che non è commutativo. Dimostrare che non è isomorfo a R_8, il gruppo delle rotazioni che mandano un ottagono regolare in sé.

Esercizio 12.7 Fissato un punto P nel piano e un angolo α ($0 \leq \alpha < 2\pi$), consideriamo la rotazione r_α di centro P e angolo α. Tale rotazione genera un gruppo: per quali valori di α tale gruppo ha un numero finito di elementi?

Esercizio 12.8 Mostrare che per ogni $n \geq 1$ le permutazioni pari in S_n formano un gruppo (chiamato A_n).

Esercizio 12.9 Dimostrare che le rotazioni dello spazio che mandano un tetraedro in sé formano un gruppo di 12 elementi isomorfo ad A_4.

Esercizio 12.10 Dimostrare che le rotazioni dello spazio che mandano un cubo in sé formano un gruppo di 24 elementi isomorfo a S_4.

Esercizio 12.11 Sia G un grafo semplice con vertici $V(G) = \{1, 2, \ldots, n\}$. Dimostrare che l'insieme

$$S := \{(i, j) \mid \text{esiste un arco di } G \text{ incidente a } i \text{ e } j\}$$

genera tutto il gruppo delle permutazioni di n elementi se e solo se G è connesso.

12.2 Il gioco del 15

Gli esercizi (non semplici) di questo paragrafo introducono l'elegante dimostrazione con cui Archer analizza in [4] il gioco del 15.

L'idea è quella di associare ad una configurazione C la seguente permutazione ρ_C nel gruppo S_{15}:

$$\rho_C = \begin{pmatrix} 1 & 2 & 3 & 4 & 5 & 6 & 7 & 8 & 9 & 10 & 11 & 12 & 13 & 14 & 15 \\ h_1 & h_2 & h_3 & h_4 & h_5 & h_6 & h_7 & h_8 & h_9 & h_{10} & h_{11} & h_{12} & h_{13} & h_{14} & h_{15} \end{pmatrix}$$

dove $h_1, h_2, \ldots h_{15}$ è la sequenza di numeri ottenuta leggendo i numeri scritti sui blocchetti lungo la 'via serpentina' descritta in Fig. 12.2 (attenzione: la casella vuota non si legge, viene 'saltata').

◀ **Figura 12.2** La *via serpentina*

Esercizio 12.12

(a) Dare un esempio di due configurazioni diverse a cui viene associata la stessa permutazione.

(b) Dimostrare che, con questo modo di associare una permutazione a una configurazione, fare una mossa del gioco del 15 corrisponde a comporre con una permutazione pari di S_{15}. Ossia, se una mossa porta dalla configurazione C alla configurazione C', allora $\rho_{C'} = \rho_C \circ \gamma$ dove γ è una permutazione pari. In particolare, se la mossa consiste nello spostare il blocchetto di un posto lungo la via serpentina, γ è l'identità.

Osserviamo che, in base al risultato dell'esercizio precedente, se per due configurazioni C e C' vale che ρ_C è pari e $\rho_{C'}$ è dispari, le due configurazioni non possono essere collegate dalle mosse del gioco. Si tratta dunque di un modo 'nuovo' di esprimere l'invariante del gioco del 15.

Ma entriamo nel dettaglio (un 'tuffo' dentro il gruppo A_{15}) per capire quali sono le configurazioni raggiungibili con le mosse del gioco a partire dalla configurazione di base.

Esercizio 12.13

(a) Consideriamo una configurazione di partenza C in cui la casella vuota sia nella prima cella della serpentina, e chiamiamo $h_1, \ldots, h_{15}$ la sequenza associata. Con una mossa facciamo scendere di una posizione la casella vuota (ora la casella vuota sarà all'ottavo posto lungo la serpentina), ottenendo una nuova configurazione che chiamiamo C'. Scrivere la permutazione γ tale che $\rho_{C'} = \rho_C \circ \gamma$.

(b) Rispondere alla stessa domanda di (a) nel caso in cui la casella vuota venga spostata dalla quinta alla dodicesima posizione lungo la serpentina (anziché dalla prima all'ottava come sopra) e poi nel caso in cui la casella vuota venga spostata dalla nona alla sedicesima posizione lungo la serpentina.

(c) Rispondere alla stessa domanda di (a) nel caso in cui la casella vuota venga spostata:

(1) dalla terza alla sesta;

(2) dalla settima alla decima;

(3) dall'undicesima alla quattordicesima posizione lungo la serpentina.

Esercizio 12.14 Mostrare che ogni permutazione pari di n elementi (con $n \geq 3$) può essere scritta come composizione di cicli di lunghezza 3.

Esercizio 12.15 'Perfezionate' l'esercizio precedente mostrando che ogni permutazione pari di n elementi (con $n \geq 3$) può essere scritta come composizione di cicli di lunghezza 3 con *elementi consecutivi* (ossia i cicli della forma $(k, k+1, k+2)$, con $1 \leq k \leq n-2$).

A questo punto abbiamo mostrato che per $n \geq 3$ *il gruppo A_n delle permutazioni pari di n elementi è generato da cicli di lunghezza 3 con elementi consecutivi.*

Esercizio 12.16 Le permutazioni ottenute come risposta alle domande dell'Esercizio 12.13 (c) sono dei cicli di lunghezza 3 con elementi consecutivi. Sapreste combinarli con le altre permutazioni ottenute nell'Esercizio 12.13 (e le loro inverse) per ottenere *tutti* i cicli di lunghezza 3 con elementi consecutivi di $\{1, 2, \ldots, 15\}$?

Esercizio 12.17 Combinate le risposte ai precedenti esercizi per dimostrare che le permutazioni ρ_C, al variare di C fra le configurazioni raggiungibili con le mosse del gioco a partire dalla configurazione di base, sono esattamente $\frac{15!}{2}$. Le configurazioni raggiungibili sono quindi $16 \cdot \frac{15!}{2}$, cioè *tutte* le configurazioni con 'somma del 15' pari[3].

Esercizio 12.18 Le tecniche usate negli esercizi di questo paragrafo si possono applicare al caso del gioco del 15 generalizzato su una scatola $n \times m$ con $nm - 1$ blocchetti mobili?

12.3 Invarianti per griglie e scacchiere

Il lettore troverà le soluzioni di questi esercizi (o alcuni suggerimenti) nell'appendice a [15] curata da Giulio Tiozzo. Per altri interessanti esercizi rimandiamo a [20].

Esercizio 12.19 È data una scacchiera 3×3 contenente i numeri da 1 a 9 nell'ordine, come in figura (A); a ogni mossa possiamo aggiungere o togliere uno *stesso* numero intero da due caselle adiacenti (dove si considerano 'adiacenti' due caselle che abbiano in comune un lato); possiamo con questo tipo di mosse ottenere la configurazione di figura (B)?

1	2	3
4	5	6
7	8	9

(A)

7	8	9
6	3	4
3	5	1

(B)

7	8	9
6	2	4
3	5	1

(C)

Esercizio 12.20 Sempre riferendosi alla figura qui sopra: possiamo con lo stesso tipo di mosse dell'esercizio precedente passare dalla configurazione (A) alla configurazione (C)?

---

[3]Questo è il teorema dimostrato da Archer in [4], che è un caso particolare del teorema di Wilson.

Esercizio 12.21 Su ogni casella di una scacchiera 8×8 è scritto un numero intero. Ad ogni mossa posso scegliere un quadrato 3×3 o 4×4 e aggiungere 1 a tutti i numeri di quel quadrato. Posso sempre ottenere che tutti i numeri sulla scacchiera siano pari? Posso sempre ottenere che tutti i numeri sulla scacchiera siano multipli di 3?

Esercizio 12.22 Sedici lampadine sono sistemate a formare un quadrato 4×4; ad ogni mossa scelgo una riga, una colonna o una delle due diagonali e posso cambiare lo stato (acceso o spento) di tutte le lampadine su questa riga, colonna o diagonale. Se all'inizio tutte le lampadine sono spente, posso arrivare alla configurazione in cui c'è un'unica lampadina accesa?

Esercizio 12.23 Su un piano cartesiano mettiamo 3 pedine nella posizione $(0,0)$; ad ogni mossa possiamo sostituire una pedina nella posizione (a, b) con due pedine, una in posizione $(a, b + 1)$ e una in posizione $(a + 1, b)$; riusciremo in un numero finito di mosse ad avere le pedine tutte in posizioni diverse?

Esercizio 12.24 Su un piano cartesiano mettiamo 4 pedine nella posizione $(0,0)$; ad ogni mossa possiamo sostituire una pedina nella posizione (a, b) con due pedine, una in posizione $(a, b + 1)$ e una in posizione $(a + 1, b)$; riusciremo in un numero finito di mosse ad avere le pedine tutte in posizioni diverse?

Suggerimento. Associare ad una pedina che si trova sulla casella (a, b) il numero $\frac{1}{2^{a+b}}$.

12.4 Azione sui sistemi di equazioni

Consideriamo il seguente sistema di due equazioni in tre incognite x, y, z.

$$\begin{cases} x + 2y + z = 1 \\ x + 5y + 3z = -5. \end{cases} \tag{12.1}$$

La *terna* di numeri reali $\left(\frac{100}{21}, -\frac{32}{21}, -\frac{5}{7}\right)$ è una *soluzione del sistema* perché, quando si pone $x = \frac{100}{21}$, $y = -\frac{32}{21}$, $z = -\frac{5}{7}$, tutte e due le equazioni diventano uguaglianze che risultano vere.

Sia S l'insieme di tutte le terne di numeri reali che sono soluzioni del sistema. Come è possibile trovare tutti gli elementi di S? Ci sono molti modi. Con i prossimi esercizi ne descriviamo uno, la *riduzione di Gauss*, che è basato sul metodo degli invarianti. Si individuano certe 'mosse' che semplificano le equazioni e che non cambiano l'insieme S (nel linguaggio del Paragrafo 11.2, l'insieme delle soluzioni è *invariante* rispetto a queste mosse, e dunque rispetto al gruppo da loro generato). Il metodo risulterà molto efficiente, tanto è vero che si tratta sostanzialmente del metodo usato dai calcolatori elettronici.

Come sappiamo bene, se nel sistema (12.1) si sostituisce la seconda equazione con una nuova equazione ottenuta sottraendo la prima equazione alla seconda, l'insieme delle soluzioni non cambia. In altre parole, il seguente sistema ha le stesse soluzioni del sistema (12.1):

$$\begin{cases} x + 2y + z = 1 \\ 3y + 2z = -6. \end{cases}$$

Esercizio 12.25 Trovare tutte le soluzioni del sistema.

Abbiamo dunque 'sottratto' una equazione ad un'altra. Questo semplice accorgimento apre la strada al metodo di Gauss. I due esercizi seguenti sono un primo piccolo passo:

Esercizio 12.26 Dimostrare che l'insieme delle soluzioni non cambia se nel sistema (12.1) si somma ad una delle due equazioni l'altra equazione moltiplicata per un numero reale λ. Per esempio, il sistema

$$\begin{cases} x + 2y + z + \dfrac{2}{5}(x + 5y + 3z) = 1 + \dfrac{2}{5}(-5) \\ x + 5y + 3z = -5 \end{cases}$$

ha le stesse soluzioni del sistema di partenza.

Esercizio 12.27 Dimostrare che l'insieme delle soluzioni non cambia se nel sistema (12.1) si sostituisce una delle due equazioni con la stessa moltiplicata per un numero reale $\mu \neq 0$. Per esempio, il sistema

$$\begin{cases} x + 2y + z = 1 \\ \dfrac{8}{3}(x + 5y + 3z) = -5\dfrac{8}{3} \end{cases}$$

ha le stesse soluzioni del sistema di partenza.

Consideriamo ora un sistema un po' più complicato, per esempio con tre equazioni e quattro incognite x, y, z, t:

$$\begin{cases} x + 2y + z + t = 1 \\ x + 5y + 3z - t = -5 \\ 8x - y - z - t = 0. \end{cases}$$

L'insieme delle soluzioni è costituito stavolta da *quaterne* di numeri reali, ossia liste ordinate di quattro numeri, per esempio $\left(\dfrac{9}{139}, \dfrac{58}{139}, \dfrac{-245}{139}, \dfrac{259}{139}\right)$.

Tenendo conto anche delle considerazioni entrate in gioco negli esercizi precedenti possiamo osservare che abbiamo tre tipi di mosse a disposizione per modificare il sistema, lasciando invariato l'insieme delle sue soluzioni:

- scambiare fra loro due righe del sistema;
- sostituire una delle equazioni con la stessa moltiplicata per un numero reale $\mu \neq 0$;
- sommare ad una delle equazioni una delle altre moltiplicata per un numero reale λ.

Per esempio, se facciamo due di queste mosse sottraendo alla seconda riga la prima riga, e poi alla terza riga la prima riga moltiplicata per 8, otteniamo:

$$\begin{cases} x + 2y + z + t & = & 1 \\ 3y + 2z - 2t & = & -6 \\ -17y - 9z - 9t & = & -8. \end{cases}$$

A questo punto possiamo sommare alla terza riga la seconda moltiplicata per $\frac{17}{3}$.

$$\begin{cases} x + 2y + z + t & = & 1 \\ 3y + 2z - 2t & = & -6 \\ \dfrac{7}{3}z - \dfrac{61}{3}t & = & -42. \end{cases}$$

Il sistema, presentato in questa forma è 'risolto': si osserva subito infatti che, data una qualunque scelta per t, possiamo facilmente ricavare la z dall'ultima equazione:

$$z = -\frac{3}{7}42 + \frac{3}{7}\frac{61}{3}t = -18 + \frac{61}{7}t.$$

Usando questa espressione per z si ricava la y dalla seconda equazione:

$$y = -\frac{36}{7}t + 10$$

e infine si ottiene la x dalla prima equazione

$$x = \frac{4}{7}t - 1.$$

Dunque l'insieme delle soluzioni è costituito da tutte le quaterne del tipo

$$\left(\frac{4}{7}t - 1, -\frac{36}{7}t + 10, -18 + \frac{61}{7}t, t \right)$$

al variare di $t \in \mathbb{R}$.

Possiamo utilizzare questo procedimento con una notazione più 'sintetica'. Consideriamo per esempio il seguente sistema, ottenuto dal precedente aggiungendo una equazione:

$$\begin{cases} x + 2y + z + t & = & 1 \\ x + 5y + 3z - t & = & -5 \\ 8x - y - z - t & = & 0 \\ 2y + 3z + 4t & = & 3. \end{cases}$$

Per prima cosa, osserviamo che tutte le informazioni del sistema sono contenute nella seguente *matrice* di numeri:

$$\begin{array}{rrrrr} 1 & 2 & 1 & 1 & 1 \\ 1 & 5 & 3 & -1 & -5 \\ 8 & -1 & -1 & -1 & 0 \\ 0 & 2 & 3 & 4 & 3. \end{array}$$

Ogni riga contiene i coefficienti di una delle equazioni (per esempio l'ultima equazione $0x + 2y + 3z + 4t = 3$ è 'codificata' dall'ultima riga 0 2 3 4 3).

Ora possiamo agire sulle righe di questa matrice con i tre tipi di mosse descritti precedentemente: scambiare fra loro due righe, moltiplicare tutti i coefficienti di una riga per un numero reale $\mu \neq 0$, sommare ad una delle righe un'altra riga moltiplicata per un numero reale λ.

Esercizio 12.28 Dimostrare che la matrice precedente può essere trasformata, con le mosse del tipo descritto, nella seguente:

$$
\begin{array}{ccccc}
1 & 2 & 1 & 1 & 1 \\
0 & 1 & \frac{2}{3} & -\frac{2}{3} & -2 \\
0 & 0 & 1 & -\frac{61}{7} & -18 \\
0 & 0 & 0 & 1 & \frac{259}{139}.
\end{array}
$$

Trovare dunque la soluzione (che è una sola!) del sistema.

Gli esempi svolti fin qui aprono la strada, come abbiamo già accennato, ad un metodo generale che potete facilmente intuire e che risulta spesso molto conveniente. Quando si cercano le soluzioni di un sistema lineare, si crea la matrice che riassume tutte le sue informazioni e si agisce sulle righe di tale matrice con le mosse descritte, fino ad ottenere una *matrice a scalini*. Una matrice a scalini è una matrice in cui, se leggiamo le righe dall'alto in basso:

- le righe 'nulle', ossia tutte composte da zeri, sono in fondo;
- ogni riga non nulla, letta da sinistra a destra, comincia con un numero di zeri strettamente maggiore di quelli con cui comincia la riga precedente.

Il punto cruciale è che *le mosse lasciano invariato l'insieme delle soluzioni,* e il grande vantaggio finale consiste nel fatto che una matrice di questo tipo permette di 'leggere' immediatamente le soluzioni del sistema.

Esercizio 12.29 Dimostrare che, data una matrice associata ad un sistema, è sempre possibile trasformarla in una matrice a scalini usando le mosse descritte.

Suggerimento. Si può procedere per induzione sul numero delle righe...

I prossimi esercizi permetteranno di esercitarsi con questo metodo. Potete trovare alla pagina web [51] un 'risolutore' di sistemi lineari, basato sulla riduzione di Gauss, che mostra, a fini didattici, le mosse utilizzate.

Esercizio 12.30 Cosa possiamo dire delle soluzioni del sistema se la matrice a scalini che otteniamo ha una riga del tipo $(0, 0, \ldots, 0, 5)$?

Esercizio 12.31 Trovare tutte le soluzioni del sistema:

$$
\begin{cases}
2x + 2y + z + 2t & = & 1 \\
2y + 3z - t & = & -5 \\
8x + y - z - t & = & 0.
\end{cases}
$$

Esercizio 12.32 Trovare tutte le soluzioni del sistema:

$$\begin{cases} 2x + 2y + z + 2t + w &= 1 \\ 2y + 3z - t + 2w &= -5 \\ 8x + y - z - t + w &= 0 \\ 4x + y + 3z + t + w &= 2. \end{cases}$$

Esercizio 12.33 Trovare tutte le soluzioni del sistema:

$$\begin{cases} 2x + 2y + z + 2t + w &= 0 \\ 2y + 3z - t + 2w &= 1 \\ 8x + y - z - t + w &= 0 \\ 4x + y + 3z + t + w &= 1. \end{cases}$$

Esercizio 12.34 Consideriamo il sistema lineare:

$$\begin{cases} 2x + y + mz &= 1 \\ 0x + 2y + mz &= 0 \\ x + my + 2z &= 1. \end{cases}$$

Una volta fissato $m \in \mathbb{R}$, tale sistema diventa un sistema di equazioni nelle incognite x, y, z:

a) dire per quali valori di $m \in \mathbb{R}$ tale sistema di equazioni nelle incognite x, y, z ammette soluzione;

b) in corrispondenza dei valori di m per cui il sistema ammette soluzione, trovare tutte le soluzioni del sistema.

Parte III

Hex

Capitolo 13
L'Hex: presentazione e prime domande

Il gioco dell'Hex ha una storia curiosa. Innanzitutto è stato inventato... due volte. Il primo inventore è il danese Piet Hein, figura di spicco negli anni a cavallo della seconda guerra mondiale (una formazione da fisico teorico, numerosi brevetti ingegneristici, divulgatore e polemista per il quotidiano Politiken, e anche poeta, con lo pseudonimo di Kumbel). Hein presentò il gioco nel 1942, col nome di Poligon, e per un certo periodo Politiken dedicò uno spazio a problemi di Poligon e soluzioni.

Nel 1948 il gioco fu inventato di nuovo, questa volta a Princeton da John F. Nash, matematico divenuto poi molto celebre (le sue idee sono state fondamentali anche sul piano applicativo, come testimonia il premio Nobel per l'Economia ricevuto nel 1994). Negli Stati Uniti il gioco veniva inizialmente chiamato Nash o John, e prese il nome di Hex solo nel 1952 quando una sua versione venne messa in commercio da una famosa casa produttrice di giochi.

L'Hex ha regole semplici. La scacchiera è a forma di rombo, ha le caselle esagonali e può essere di varie misure (11 × 11 è forse la più classica, ma per le prime osservazioni utilizzeremo delle scacchiere più piccole). Ci sono due giocatori, che utilizzano rispettivamente le pedine bianche e quelle nere. Le sponde a sinistra in basso e a destra in alto (sono dunque lati opposti del rombo) sono 'bianche' ossia del giocatore bianco, le altre due sono 'nere' ossia del giocatore nero.

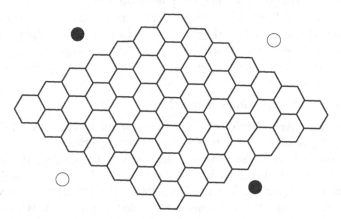

▲ **Figura 13.1** Una scacchiera da Hex 7 × 7

Comincia a giocare il bianco, che pone un pedina bianca in una casella della scacchiera a sua scelta; poi tocca al nero, che pone una pedina nera in una casella vuota; e così via, ogni giocatore a turno pone una pedina del proprio colore in una casella ancora libera. Lo scopo del giocatore bianco è quello di costruire un percorso 'bianco', fatto cioè di caselle adiacenti con sopra pedine bianche, che col-

Delucchi E., Gaiffi G., Pernazza L.: Giochi e percorsi matematici
DOI 10.1007/978-88-470-2616-2_13, © Springer-Verlag Italia 2012

leghi le due sponde bianche. Lo scopo del nero è quello di costruire un percorso 'nero' che colleghi le due sponde nere. Vince il giocatore che riesce per primo a conseguire il suo scopo (vedi Fig. 13.2).

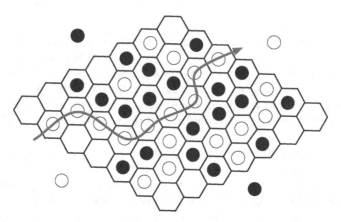

▲ **Figura 13.2** Il bianco ha vinto la partita (un percorso vincente è evidenziato)

Osserviamo subito che, come nel caso del Chomp, il grafo del gioco dell'Hex è finito e senza cicli: c'è solo un numero finito di caselle e le pedine che vengono aggiunte non possono più essere levate, dunque entro un numero finito di mosse il gioco deve terminare e nel corso di una partita non si può ritrovare due volte la stessa configurazione. Saremmo tentati di concludere subito, usando il Teorema 2.2, che uno dei due giocatori ha una strategia vincente.

Ma ripensando all'enunciato preciso del teorema ci si accorge che dobbiamo invece procedere con cautela: il teorema si applica a giochi combinatori finiti e per essere sicuri che l'Hex appartenga a questa famiglia di giochi il punto essenziale che ci resta da verificare è che non possa finire in 'patta'. Allora è naturale chiedersi:

Domanda 13.1 L'Hex può finire in patta?

La domanda si rivela piuttosto sottile, e dunque interessante. Anzi, è uno dei motivi principali per cui abbiamo scelto di presentare l'Hex.

Nel Chomp il fatto che uno dei due concorrenti alla fine sia costretto a mangiare il quadratino avvelenato è di facile dimostrazione. Qui invece, anche se l'intuizione ci suggerisce che il gioco dovrebbe ammettere 'patte', fornire una dimostrazione precisa non è così semplice; in compenso, lo studio del problema ci darà lo spunto per aprire la porta ad un interessante settore della matematica, la topologia, e per chiamare ancora in gioco la teoria dei grafi.

Come talvolta accade, il problema si affronta meglio se si parte da una domanda più generale:

Domanda 13.2 Se riempiamo la scacchiera di pedine bianche e nere a nostro piacimento, di modo che non rimangano caselle vuote, è possibile che non ci sia nessun percorso vincente, né bianco né nero?

Se la risposta è 'no, non è possibile' allora l'Hex non ammette patte. Immaginiamo una partita di Hex: ad ogni mossa si aggiunge una pedina sulla scacchiera. Se uno dei due giocatori trova il percorso vincente, il gioco si interrompe prima che venga riempita tutta la scacchiera. Supponiamo che questo non accada: allora si giunge alla mossa in cui viene posta una pedina sull'ultima casella della scacchiera. Potremmo avere una patta? No, la scacchiera è piena e sappiamo che in tale scacchiera c'è un percorso vincente, che prima non c'era; dunque proprio l'ultima pedina che è stata posta lo ha creato: uno dei due giocatori ha vinto (in particolare, quello che ha posto l'ultima pedina...).

C'è una domanda imparentata con la precedente:

Domanda 13.3 Se riempiamo la scacchiera di pedine bianche e nere a nostro piacimento, di modo che non rimangano caselle vuote, possono esistere contemporaneamente un percorso bianco che collega le due sponde bianche e un percorso nero che collega le due sponde nere?

Per poter dire che nel gioco dell'Hex c'è una strategia vincente per uno dei due giocatori ci basta rispondere (negativamente) alla Domanda 13.2, ma anche questa domanda si rivela interessante: si collega infatti ad un importante teorema di natura topologica, il teorema della Curva di Jordan. Approfondiremo questo tema nel Paragrafo 14.3 e nel Capitolo 17; per ora osserviamo solo che la risposta sembra anche in questo caso evidente ('no, non possono esistere contemporaneamente un percorso vincente bianco e uno nero') ma non è immediato dare una dimostrazione precisa, specialmente per scacchiere grandi.

Ecco altre due domande, che si collocano sul piano diretto della strategia e della tattica di gioco. Nella prima si parte dal presupposto di aver già risposto alla Domanda 13.2.

Domanda 13.4 Ammettiamo di sapere che uno dei due giocatori ha una strategia vincente per l'Hex. Quale dei due, il bianco o il nero? La risposta dipende dalle dimensioni della scacchiera?

Domanda 13.5 È possibile descrivere con precisione una strategia vincente, almeno per scacchiere piccole?

Per capire come funziona l'Hex, forse la cosa migliore è cominciare a studiare cosa accade per piccole scacchiere. Il caso 2 × 2, per esempio, è molto semplice. Il bianco, che muove per primo, può vincere ponendo la sua prima pedina in una delle due caselle della striscia verticale (vedi Fig. 13.3).

La complessità aumenta nel caso della scacchiera 3 × 3. Anche qui si osserva subito che il bianco vince (avvertiamo il lettore che, come accade nei problemi di scacchi, talvolta useremo 'vince' per dire 'ha una strategia vincente'), ma le mosse iniziali vincenti possibili sono 5, come indicato in Fig. 13.4.

Fra queste la più conveniente, ossia quella che offre una vittoria più rapida, consiste nel porre la prima pedina nella casella centrale. Studiamo la situazione in Fig. 13.5: il bianco vince sicuramente in due mosse (oltre la prima). Infatti basterà che ponga una pedina in una delle caselle sulla sponda bianca alta evidenziate con il punto interrogativo e un'altra pedina in una delle caselle sulla sponda bianca bassa evidenziate con il punto interrogativo. Il nero non può impedirglielo, né può vincere più velocemente.

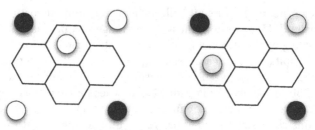

▲ **Figura 13.3** Il bianco vince se pone la prima pedina in una delle due caselle della striscia verticale (come a sinistra), perde altrimenti (figura a destra: il nero ha una contromossa vincente)

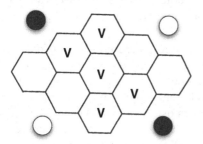

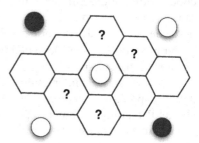

▲ **Figura 13.4** Il bianco vince se e solo se pone la prima pedina in una delle cinque caselle dove abbiamo posto una V

▲ **Figura 13.5** Il bianco vince in due mosse dopo aver posto la prima pedina al centro

Questa strategia di costruzione di un cammino, ossia riuscire a lasciare libere due opzioni sopra e/o sotto una pedina, fa parte in generale del bagaglio delle tattiche utili per giocare a Hex anche su scacchiere più grandi (un'ampia raccolta di queste tecniche si trova in [11]).

Quando si studia una scacchiera 4 × 4, si scopre che anche stavolta il bianco vince (comincia a farsi strada una congettura per la risposta alla Domanda 13.4...), ma si scopre anche, con una certa sorpresa, che il numero di possibili aperture vincenti per il bianco diminuisce rispetto al caso 3×3: sono vincenti solo le quattro caselle nella striscia verticale (Fig. 13.6).

E nel caso 5 × 5? L'analisi comincia a farsi più complessa: questa scacchiera non rientra più fra gli esempi semplici per capire le regole ma la si potrebbe già considerare un terreno adatto per giocare una partita, o almeno una 'partitella' di allenamento. Anche qui, comunque, lo anticipiamo, vince il bianco: affidiamo la descrizione delle aperture vincenti alla Fig. 13.7.

Osserviamo che la striscia verticale, in tutti gli esempi considerati fin qui, si è sempre rivelata 'terreno buono' per la prima mossa del bianco.

Esercizio 13.1 Verificare le affermazioni contenute in questo paragrafo, cominciando dalle scacchiere più piccole.

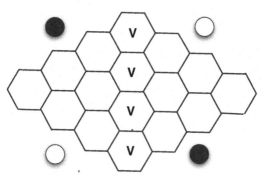

▲ **Figura 13.6** Il bianco vince se e solo se pone la prima pedina in una delle quattro caselle dove abbiamo posto una V

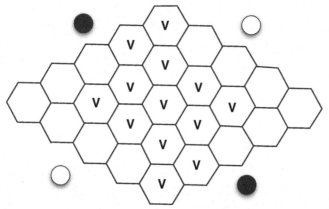

▲ **Figura 13.7** L'analisi diventa più complicata: il bianco vince se e solo se pone la prima pedina in una delle 13 caselle dove abbiamo posto una V

Esercizio 13.2 Quando su una scacchiera da Hex si individuano le caselle che danno una apertura vincente per il bianco, si nota che sono disposte con una certa simmetria. Di che simmetria si tratta? Perché questo accade?

Capitolo 14
Risposte: percorsi e curve, sulla scacchiera e nel piano

14.1 Il teorema dell'Hex

In questo paragrafo risponderemo alla Domanda 13.2 sulla esistenza di un percorso vincente in una scacchiera da Hex tutta riempita. La risposta è il 'teorema dell'Hex', che enunceremo proponendone una dimostrazione che usa un linguaggio elementare; un esercizio alla fine del paragrafo inviterà il lettore a riscrivere questa dimostrazione facendo intervenire la teoria dei grafi e mettendo in luce i passaggi in cui interviene il principio di induzione.

Teorema 14.1 (Teorema dell'Hex) *Consideriamo un intero positivo n e una scacchiera da Hex di dimensione $n \times n$. Supponiamo di avere x pedine bianche e $n^2 - x$ pedine nere, con $0 \leq x \leq n^2$, e di usarle per riempire la scacchiera. In qualunque modo vengano disposte le pedine, esiste sulla scacchiera un percorso vincente bianco o nero.*

Dimostrazione. Per prima cosa aggiungiamo quattro archi e quattro vertici V_1, V_2, V_3, V_4 alla scacchiera, come in Fig. 14.1 (anche se la figura si riferisce solo al caso 7×7 conveniamo comunque che, per ogni scacchiera, V_1 sia il vertice aggiunto in basso e gli altri seguano numerati in senso orario).

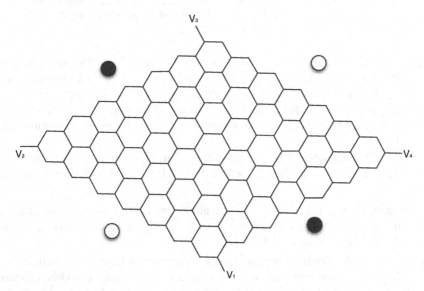

▲ **Figura 14.1** I quattro archi e i quattro vertici aggiunti

A questo punto immaginiamo di avere una scacchiera tutta riempita di pedine: chiamiamo 'nere' le caselle che contengono una pedina nera e 'bianche' quelle

Delucchi E., Gaiffi G., Pernazza L.: Giochi e percorsi matematici
DOI 10.1007/978-88-470-2616-2_14, © Springer-Verlag Italia 2012

che contengono una pedina bianca. Considereremo 'casella nera' anche ciascuna delle sponde nere della scacchiera e 'casella bianca' ciascuna delle sponde bianche. Diamo ora una regola per costruire un cammino composto da alcuni lati della scacchiera (intendiamo con ciò i lati degli esagoni e i quattro archi aggiunti che per semplicità d'ora in poi verranno chiamati anch'essi 'lati') con punto di partenza il vertice V_1. Questo cammino sarà di fondamentale importanza: come vedremo, seguendolo uno dei due giocatori troverà il percorso vincente presente nella scacchiera riempita.

Per prima cosa si percorre il lato aggiunto che parte da V_1, dopodiché si prosegue secondo la regola descritta qui di seguito.

Regola. *Supponiamo di aver percorso un lato L, e di essere giunti ad un punto P non toccato in precedenza e diverso da V_2, V_3 o V_4. Gli altri due lati che hanno P come vertice non sono stati percorsi, altrimenti il cammino sarebbe già passato da P: proseguiamo allora scegliendo quello che separa una casella bianca da una nera (vedi Fig. 14.2). Se invece il cammino giunge in V_2, V_3 o V_4 lo consideriamo concluso.*

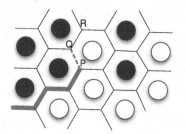

◀**Figura 14.2** Giunti in P, la regola ci chiede di proseguire fino a Q, perché il lato tratteggiato è quello, fra i due possibili, che separa una casella bianca da una nera. Poi proseguiremo fino a R...

Qui occorrono alcune precisazioni, per essere sicuri di aver ben definito questo cammino: innanzitutto bisogna specificare cosa accade se il cammino tocca il bordo della scacchiera. Ricordiamo che ogni sponda (bianca o nera) viene considerata come una 'grande casella' bianca o nera: questo permette al cammino di percorrere anche i lati al bordo, se separano il 'bianco' dal 'nero', come mostra la Fig. 14.3.

Ma chi ha un buono spirito matematico si accorge che ci sono ancora vari aspetti che devono essere chiariti. Ecco le domande fondamentali a cui dobbiamo rispondere:

(a) se raggiungiamo un punto P non toccato in precedenza, siamo sicuri che, fra i due lati partenti da P che non abbiamo ancora percorso, ce ne sia uno (e uno solo) che separa il 'bianco' dal 'nero'?

(b) la regola ci dà istruzioni per proseguire il cammino solo nel caso in cui si raggiunge un vertice non toccato in precedenza. Come mai? Potrebbe capitare di imbattersi in un vertice già toccato dal cammino? Non bisognerebbe anche spiegare cosa fare in questo caso?

Per quel che riguarda la domanda (a), osserviamo che, se il cammino ci ha portati in P (vertice mai toccato in precedenza) lungo il lato L, allora L separa

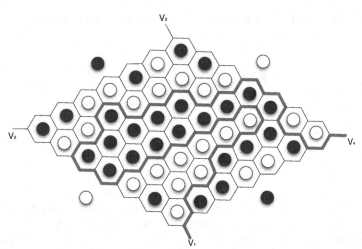

▲ **Figura 14.3** Una scacchiera completa e un esempio di cammino che parte da V_1. Come si può notare, le 'sponde' vengono considerate come 'grandi caselle' (bianche o nere) dunque il cammino per certi tratti avanza lungo la sponda bianca (separandola da caselle nere)

▲ **Figura 14.4** Un passo del cammino: siamo giunti in P, un vertice mai toccato in precedenza, e il lato appena percorso, per costruzione, separa il bianco dal nero. La casella col punto interrogativo è occupata da una pedina bianca o nera, dunque il cammino può certamente proseguire. In particolare, prosegue verso S se la pedina è bianca e verso T se la pedina è nera

una casella bianca da una nera e siamo in una situazione come in Fig. 14.4 (eventualmente con la pedina bianca e nera scambiate di posizione). L'analisi dei due casi possibili, dipendenti dal colore della pedina che giace sulla terza casella che ha P come vertice, ci mostra che il cammino può proseguire (e può proseguire in un solo modo). La situazione è del tutto simile se il punto P è sul bordo della scacchiera.

Quanto alla domanda (b), il motivo per cui la regola non si occupa del caso in cui si raggiunge un vertice già toccato in precedenza è che questo caso non può mai accadere. Lo dimostriamo per assurdo: supponiamo che il cammino sia arrivato fino ad un vertice Q senza mai toccare due volte lo stesso vertice, ma che il passo successivo ci chieda di percorrere il lato L e di giungere al punto P che è stato già raggiunto in precedenza. La situazione è descritta in Fig. 14.5. A destra e a sinistra di L ci sono dunque due pedine di colore diverso. Gli altri due lati di cui P è vertice (SP e PT in figura) devono essere stati già percorsi, visto che il cammino è già passato da P e da lì è ripartito non usando L, perché altrimenti avrebbe già toccato Q. Il fatto che entrambi siano stati percorsi implica due diverse richieste a riguardo della pedina che giace nella casella che ha P come vertice e SP e PT fra

◀ **Figura 14.5**

i suoi lati: dovrebbe essere contemporaneamente bianca e nera. Questo è assurdo. Di nuovo, la situazione è del tutto simile se P è un punto sul bordo della scacchiera.

A questo punto possiamo affermare che le regole di costruzione del cammino sono ben definite. Il cammino parte da V_1 e continua toccando ad ogni passo un vertice nuovo; siccome i vertici delle caselle di una scacchiera sono in numero finito, il cammino non può proseguire all'infinito. Deve dunque esserci un ultimo passo, e un ultimo vertice raggiunto. Questo vertice non può essere uno di quelli da cui partono tre lati perché in questo caso sappiamo (avendo risposto alla domanda (a)) che potremmo proseguire: deve necessariamente essere uno dei vertici V_2, V_3, V_4.

Siamo giunti alla osservazione finale. Ci resta da dimostrare che il cammino costruito con i lati della scacchiera da Hex riempita permette di trovare un percorso vincente per uno dei due giocatori. In particolare, se il cammino termina in V_4 mostriamo come si trova un percorso di caselle vincente per il bianco. Supponiamo che il cammino abbia N lati; numeriamoli dal primo, L_1, quello che 'parte' da V_1, all'ultimo, L_N, che 'termina con' V_4. Ognuno di questi lati separa, per costruzione, una casella bianca da una nera. Consideriamo il lato L_i e chiamiamo B_i la casella bianca in questione. Abbiamo dunque una lista ordinata di caselle bianche:

$$B_1, B_2, \ldots, B_j, \ldots, B_k, \ldots, B_N$$

dove è possibile che ci siano ripetizioni. Notiamo che B_1 è la sponda bianca bassa (avevamo convenuto di considerare le sponde come 'caselle grandi') e che B_N è la sponda bianca alta. Ci sarà dunque una 'ultima volta' in cui la sponda bianca bassa compare nella lista, in altre parole ci sarà un numero intero j, con $N > j \geq 1$ tale che B_j è la sponda bianca bassa e le caselle B_i successive sono tutte diverse da tale sponda. Ci sarà inoltre una 'prima volta' in cui, dopo B_j, nella lista compare la sponda bianca alta, ossia ci sarà un k con $N \geq k > j$ tale che B_k è la sponda bianca alta e le caselle B_i con $j \leq i < k$ sono tutte diverse da tale sponda. Non ci resta che prendere le caselle

$$B_j, B_{j+1}, \ldots, B_{k-1}, B_k$$

e percorrerle in ordine (ovviamente talvolta $B_i = B_{i+1}$ quindi può darsi che ci vogliano meno di $k - j$ passi): questo è un percorso vincente per il giocatore bianco.

Come mai? Si tratta di un percorso di caselle bianche che parte dalla sponda bianca in basso a sinistra e arriva in quella in alto a destra; resta da osservare che è connesso, ossia che per ogni i le caselle B_i e B_{i+1} o coincidono o hanno un lato in comune. Questa è una immediata conseguenza di come abbiamo definito il cammino sui lati: per un esempio si veda la Fig. 14.6.

Notiamo che non è possibile utilizzare questo ragionamento per trovare un percorso di caselle vincente per il nero. Infatti, dato che il cammino termina in V_4, i lati L_1 e L_N ci rimandano alla stessa sponda nera, quella in basso a destra.

Se invece il cammino termina in V_2, una dimostrazione del tutto simile ci permette di trovare un percorso di caselle vincente per il nero.

E cosa accade se il cammino termina in V_3? In realtà questo caso non capita per motivi di 'orientazione' del cammino. È facile mostrare che se percorriamo il nostro cammino allontanandoci da V_1 avremo sempre alla nostra sinistra una casella bianca e alla nostra destra una casella nera. Quindi non è possibile che possiamo arrivare a camminare sul lato che termina con V_3 (l'Esercizio 14.4 richiama l'attenzione del lettore su questa dimostrazione per induzione). □

◀**Figura 14.6** Le caselle B_i e B_{i+1} o coincidono (a destra) o hanno un lato in comune (a sinistra)

Ricordiamo che il teorema dell'Hex risponde negativamente alla Domanda 13.2 e dunque, come abbiamo già osservato, ha il seguente:

Corollario 14.2 *Consideriamo un intero positivo n. Una partita di Hex su una scacchiera $n \times n$ non ammette patta. L'Hex è un gioco combinatorio finito.*

Esercizio 14.3 (Per il lettore esperto[1]) La dimostrazione del Teorema 14.1 contiene in forma implicita vari passaggi in cui interviene il principio di induzione. Si provi a riscrivere in maniera formale questi passaggi. In particolare, la parte dove si dimostra che il cammino costruito con i lati non ha cicli può essere affrontata anche utilizzando il seguente lemma di Teoria dei Grafi, la cui dimostrazione è un esercizio di induzione:

Ogni componente connessa di un grafo semplice finito i cui vertici hanno valenza minore o uguale di 2 è (i) un percorso semplice oppure (ii) un ciclo oppure (iii) un vertice isolato.

Esercizio 14.4 Dimostrare per induzione che, percorrendo il cammino partito da V_1 costruito nella dimostrazione del Teorema 14.1, ad ogni passo troviamo 'bianco' a sinistra e 'nero' a destra (dunque è impossibile che il cammino termini in V_3).[2]

---

[1]Utilizziamo la terminologia introdotta nel 'primo piano' sulla Teoria dei Grafi, Capitolo 5.

[2]Se conosciamo il teorema di Jordan anche solo nella sua versione poligonale (vedi il Paragrafo 14.3), come dimostrazione alternativa del fatto che il cammino non può terminare in V_3 potremmo osservare che se il cammino terminasse in V_3 avremmo un percorso di caselle vincente per il bianco e uno per il nero (verificarlo!), ma questo contrasterebbe appunto col teorema di Jordan.

14.2 La mossa rubata per l'Hex

In questo paragrafo risponderemo alla Domanda 13.4 su quale dei due giocatori ha una strategia vincente nell'Hex; sarà decisiva l'interessante osservazione - dovuta a Nash - che un ragionamento del tipo 'mossa rubata' si applica anche all'Hex (vedi [25]). Dunque il giocatore bianco, che muove per primo, ha una strategia vincente.

Innanzitutto, siccome si tratta di un gioco combinatorio finito, sappiamo che uno dei due giocatori ha una strategia vincente.

Supponiamo per assurdo che sia il nero, ossia che, etichettando il grafo del gioco come nel Paragrafo 2.1, nel vertice iniziale di tale grafo ci sia l'etichetta **P**.

Questo vuol dire che, qualunque sia la casella della scacchiera dove il bianco mette la prima pedina, il nero ha una strategia da giocare che lo fa vincere. Dunque, il nero ad ogni suo turno ha a disposizione una mossa che porta su un vertice del grafo del gioco etichettato con la **P**. Qualunque mossa del bianco, invece, porterà su un vertice del grafo del gioco etichettato con la **V**, eccetera.

In questa situazione il bianco potrebbe rubare al nero la strategia. Diamo una prima descrizione informale di questo 'furto':

1 il bianco comincia ponendo la prima pedina in una casella qualunque, diciamo Q;

2 dopodiché attende la mossa del nero, che pone la sua pedina in una casella T;

3 a quel punto il bianco, 'dimentica' la pedina posta in Q, ossia finge di non vederla, e gioca come se fosse il nero, precisamente gioca la strategia che farebbe vincere il nero se il bianco avesse posto una pedina in T come prima mossa;

4 se, seguendo questa strategia, il bianco si trova a dover mettere una pedina in Q, allora non la mette, ma ne pone una in una casella a caso, diciamo Q_1, e continua fingendo di non vedere la pedina in Q_1, e così via.

Proseguendo in questo modo, il bianco vince appunto perché sta seguendo una strategia vincente rubata al nero. Ma abbiamo allora trovato un assurdo che potremmo formulare così: se sul primo vertice del grafo del gioco c'è una **P** allora il bianco ha una strategia vincente, dunque sul primo vertice ci deve essere una **V**...

Questa prima presentazione informale della strategia della mossa rubata susciterà varie domande in un lettore attento. Una, ad esempio, potrebbe essere: come fa il bianco a giocare esattamente come se fosse il nero, dato che la scacchiera non è simmetrica per il bianco e per il nero (il bianco ha la sponda bassa a sinistra, il nero ha la sponda bassa a destra)? Questo problema si risolve se il bianco disegna la scacchiera su un foglio e guarda il foglio da dietro: allora il bianco avrà la sponda bassa a destra (provate!).

Vogliamo ora descrivere di nuovo, con più precisione, in termini di grafo del gioco, l'argomentazione della mossa rubata. Supponiamo per assurdo che nel grafo del gioco di una partita di Hex sul vertice iniziale ci sia una **P**, ossia che il nero abbia una strategia vincente. Il bianco e il nero iniziano a giocare. Si svolgono contemporaneamente due partite: quella vera, che seguiremo sulla scacchiera, e quella 'immaginata' dal bianco, che seguiremo sul grafo del gioco. Su questo grafo non c'è stata la mossa di apertura del bianco. Nel grafo ha cominciato il nero, che ha portato il gioco dal vertice iniziale su di un vertice dove c'è l'etichetta **V**; infatti, qualunque sia la casella T della scacchiera dove il nero ha posto la sua pedina (certo non è Q, che il nero vede occupata da una pedina bianca), la nostra ipotesi per assurdo (ossia che nel vertice iniziale del grafo del gioco ci sia una **P**) ci dice che nel grafo del gioco tutti i vertici raggiungibili da quello iniziale hanno l'etichetta **V**.

A questo punto, continuando a guardare il grafo, osserviamo che, visto che siamo su un vertice con etichetta **V**, deve esistere una mossa per il bianco che porta su un vertice etichettato con una **P**. Il bianco porta dunque il gioco su tale vertice, anche se questo corrispondesse a porre sulla scacchiera una pedina in Q (nella realtà, visto che Q già contiene una pedina bianca, il bianco pone sulla scacchiera una pedina in Q_1: del fatto di aver occupato Q_1 in questo grafo 'immaginato' non rimane traccia).

Ora dunque siamo su un vertice con l'etichetta **P** e deve muovere il nero. Tutti i vertici raggiungibili hanno l'etichetta **V**. Il nero in realtà non potrà scegliere fra tutte le mosse che sono a disposizione nel grafo, perché il nero vede la casella Q (o Q_1) occupata. Comunque sia, tutte le sue mosse portano sul grafo del gioco ad un vertice con l'etichetta **V**.

Così, il nero prima di muovere si trova sempre su di un vertice del grafo etichettato con la **P**; questa posizione, che non gli dà la vittoria nel gioco immaginato dal bianco, non gliela dà neppure nel gioco reale, visto che per passare dall'uno all'altro si deve aggiungere una pedina bianca sulla scacchiera. Il nero dunque non può vincere né la partita immaginata né quella reale: questo assurdo fa terminare la dimostrazione.

14.3 Il teorema di Jordan per le curve poligonali

Risponderemo in questo paragrafo alla Domanda 13.3, che chiede se è possibile avere, in una scacchiera da Hex tutta riempita, un cammino vincente bianco e uno nero contemporaneamente. Qui entra in gioco un importante teorema, il teorema di Jordan.

Il suo enunciato generale verrà discusso nel Capitolo 17 dopo che avremo approfondito il concetto di continuità. Per rispondere alla domanda sull'Hex avremo bisogno solo di una versione semplificata, che enunceremo e dimostreremo in questo stesso paragrafo.

Una *curva poligonale* è data nel piano dal contorno di un poligono. Si può descrivere formalmente nel seguente modo.[3] È l'unione $\bigcup_{i=1}^n L_i$ di un numero finito di segmenti $L_1, L_2, \ldots, L_n$ (con $n \geq 3$) con le seguenti proprietà:

- il segmento L_1 ha un estremo, v_1, in comune con L_n e l'altro estremo, v_2, in comune con L_2 e non ha nessun altro punto in comune con nessuno degli altri segmenti (L_n e L_2 inclusi);

---

[3]Torneremo sulla (delicata) questione della definizione di poligono nell'ultimo 'primo piano' di questo libro (vedi il Capitolo 23).

- il segmento L_2 ha un estremo, v_2, in comune con L_1 e l'altro estremo, v_3, in comune con L_3 e non ha nessun altro punto in comune con nessuno degli altri segmenti (L_1 e L_3 inclusi);
- e così via, fino a L_n che ha un estremo, v_n, in comune con L_{n-1} e l'altro estremo, v_1, in comune con L_1 e non ha nessun altro punto in comune con nessuno degli altri segmenti (L_{n-1} e L_1 inclusi).

Una *spezzata* S è l'unione di un numero finito di segmenti $L_1, L_2, \ldots, L_{n-1}$ (con $n \geq 2$) che soddisfano le stesse proprietà elencate sopra, eccetto quelle dove entra in gioco L_n:

- il segmento L_1 ha un estremo, v_2, in comune con L_2 e non ha nessun altro punto in comune con nessuno degli altri segmenti (L_2 incluso);
- il segmento L_2 ha un estremo, v_2, in comune con L_1 e l'altro estremo, v_3, in comune con L_3 e non ha nessun altro punto in comune con nessuno degli altri segmenti (L_1 e L_3 inclusi);
- e così via, fino a L_{n-1} che ha un estremo, v_{n-1}, in comune con L_{n-2} e non ha nessun altro punto in comune con nessuno degli altri segmenti (L_{n-2} incluso).

Osservazione 14.5 Data una curva poligonale $L_1, L_2, \ldots, L_n$, il sottoinsieme ottenuto considerando solo l'unione dei primi j segmenti $L_1, L_2, \ldots, L_j$ (con $1 \leq j < n$) è una spezzata.

Teorema 14.6 (Teorema di Jordan per le curve poligonali) *Una curva poligonale C suddivide i punti del piano in tre sottoinsiemi: l'insieme C costituito dalla curva stessa, l'insieme I dei punti interni e l'insieme E dei punti esterni. L'insieme C è il contorno sia di I sia di E. Più precisamente, comunque si prendano due punti di I, (oppure di E), questi possono essere congiunti da una spezzata che non interseca C. Invece, comunque si scelgano un punto di I e un punto di E e una spezzata che li congiunge, tale spezzata interseca C. L'insieme I è limitato mentre l'insieme E è illimitato.*

Osservazione 14.7 L'aggettivo 'limitato', come possiamo intuire, significa che l'insieme I può essere contenuto dentro un quadrato (o un cerchio) opportunamente grande.

Chiariremo più avanti in che senso questo teorema è di natura *topologica*: per il momento osserviamo che il teorema non coinvolge in nessun modo le lunghezze dei lati della curva poligonale o gli angoli formati fra i segmenti o le nozioni di convessità e concavità.

Il teorema di Jordan nella sua formulazione completa riguarda più in generale le curve continue semplici chiuse, ma questa versione è già molto interessante e niente affatto scontata, come ci mostra la Fig. 14.7.

Prima di dimostrare il teorema, vediamo intanto come mai ci permette di rispondere alla Domanda 13.3. Un percorso vincente, per esempio bianco, permette di costruire una curva poligonale C_B che passa per i punti centrali delle caselle del percorso vincente e include fra i suoi punti interni tutta una sponda nera mentre l'altra sponda nera è tutta composta da punti esterni (vedi Fig. 14.8). Chiamiamo S_B la parte di tale curva interna alla scacchiera: si tratta di una spezzata che, per costruzione, giace all'interno di una unione di caselle 'bianche'.

◀ **Figura 14.7** Per questa curva poligonale, che in fondo non è complicata, visto che ha solo poche decine di lati, non è immediato individuare i punti interni, quelli esterni, e capirne le proprietà descritte nel teorema di Jordan

Se ci fosse anche un percorso vincente nero, potremmo associargli allo stesso modo una curva poligonale C_N. Consideriamo in particolare la parte di tale curva interna alla scacchiera, che è una spezzata S_N. Visto che S_N giace all'interno di una unione di caselle 'nere', non incontra S_B. E dunque non incontra neanche C_B dato che S_N è interna alla scacchiera e $C_B - S_B$ è un insieme di punti esterni alla scacchiera. Ma questo è assurdo, infatti S_N collega un punto della sponda nera che è tutta interna a C_B con un punto della sponda nera tutta esterna a C_B: per il teorema di Jordan in versione 'poligonale' S_N deve necessariamente intersecare C_B.

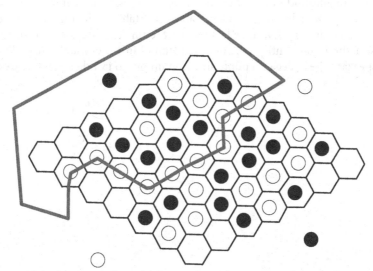

▲ **Figura 14.8** La curva poligonale C_B associata ad un percorso vincente bianco. All'interno della scacchiera è ottenuta congiungendo i punti centrali delle caselle del percorso vincente

Osservazione 14.8 Nella Fig. 14.8, in cui è rappresentata una scacchiera 7×7, la curva poligonale appare semplice da disegnare, e sembra possibile impostare una dimostrazione anche senza chiamare in causa il teorema di Jordan. Il vantaggio del procedimento descritto è che permette di costruire la curva poligonale C_B anche per scacchiere da Hex $n \times n$ con n grande a piacere: la dimostrazione funziona dunque anche in contesti dove il concetto di 'punto interno (o esterno) rispetto alla curva' non sarebbe più così semplice e intuitivo.

Traccia della dimostrazione del teorema di Jordan per le curve poligonali (vedi Courant e Robbins [13]).

Sia C una curva poligonale. Cominciamo ad individuare gli insiemi **I** ed **E**.

A tal fine scegliamo una semiretta r nel piano che non sia parallela a nessuno dei segmenti che formano C. Ciò è possibile perché, per la definizione di curva poligonale, esiste solo un numero finito di tali segmenti, e dunque di direzioni 'proibite'. Per ogni punto p del piano non contenuto in C consideriamo la semiretta $r(p)$ ottenuta traslando in p la semiretta scelta sopra, e contiamo le sue intersezioni con C *tralasciando le intersezioni date da vertici di C se questi vertici appartengono a due segmenti che stanno dalla stessa parte rispetto a $r(p)$.* Il punto p appartiene all'insieme **E** se questo conteggio delle intersezioni dà come risultato un numero pari; altrimenti p è un elemento di **I**.

Abbiamo a questo punto suddiviso il piano in tre parti: C, **I**, **E**. Dimostriamo che **I** ed **E** hanno le caratteristiche descritte nell'enunciato.

Consideriamo una spezzata S che congiunge due punti p e q e che non interseca C. Se immaginiamo di muovere la semiretta spostando la sua origine lungo la spezzata in questione, la parità del numero delle sue intersezioni con C può cambiare solo incontrando un vertice di C che congiunge due segmenti che stanno dalla stessa parte della semiretta - ma abbiamo stabilito che un tale vertice non va contato (vedi Fig. 14.9, dove la spezzata S è un semplice segmento). Questo dimostra che i due punti p e q stanno entrambi in **I** o entrambi in **E**. Dunque ogni spezzata che collega un punto in **E** con un punto in **I** deve intersecare C.

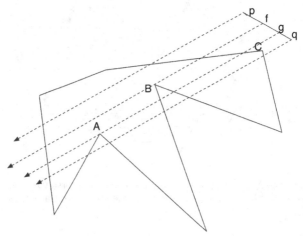

▲ **Figura 14.9** La semiretta uscente da q interseca 6 volte la curva poligonale, quella uscente da g interseca 4 volte (visto che A non conta), quella uscente da f interseca 2 volte (B non conta) come quella uscente da p

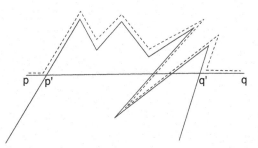

◀ **Figura 14.10** La costruzione di una spezzata che congiunge p con q rimanendo all'interno di **E**

Resta da dimostrare che, se prendiamo due punti p e q entrambi in **E** (ci limitiamo a considerare questo caso, quello in cui entrambi i punti sono in **I** è analogo), esiste una spezzata che li congiunge e che non interseca $\mathcal{C}$.

Sia S il segmento che congiunge p e q e supponiamo che intersechi $\mathcal{C}$. Percorrendo S da p a q, chiamiamo p' la prima e q' l'ultima delle intersezioni con $\mathcal{C}$. Possiamo concludere la dimostrazione mostrando che la spezzata ottenuta (vedi Fig. 14.10) seguendo S fino a 'poco prima' di p' e poi 'costeggiando' $\mathcal{C}$ (a distanza abbastanza ridotta da non incontrare mai altri punti di $\mathcal{C}$) interseca il segmento $q'q$. Da questo punto di intersezione possiamo poi seguire di nuovo S in modo che la spezzata sia contenuta completamente in **E**, come richiesto. L'unica cosa che può andare storta è che la spezzata che stiamo costruendo, quando arriva nei pressi di q', non intersechi S tra q' e q ma tra p' e q'. Diamo un'idea di come mai ciò non accade. Costeggiando $\mathcal{C}$, la parità dei punti di questa spezzata non cambia; in particolare, siccome p è in **E**, tutta la spezzata che stiamo costruendo è in **E**. Allora i suoi punti vicini a q' devono avere la stessa parità di q che è la stessa dei punti di S compresi fra q' e q... ☐

Esercizio 14.9 Completare i dettagli della dimostrazione del teorema di Jordan per le curve poligonali. In particolare, motivare con precisione l'ultima parte e dimostrare che l'insieme **I** occupa una regione limitata del piano, mentre l'insieme **E** occupa una regione illimitata.[4]

Infine, la scelta di una semiretta r, operata all'inizio della dimostrazione, necessita di un commento. Se cambiassimo tale semiretta, cambierebbero gli insiemi **I** ed **E** che individuiamo proprio grazie ad essa? In realtà, non cambierebbero; possiamo rassicurarci in tal senso perché nel corso della dimostrazione abbiamo ottenuto anche un'altra caratterizzazione di **I** ed **E**, in cui r non compare (sono quelle due parti del piano, una limitata e l'altra illimitata, tali che, se si prendono due punti in una di esse, esiste un cammino che li congiunge e che non incontra mai $\mathcal{C}$, mentre, se si prende un punto in una ed un punto nell'altra, ogni cammino che li congiunge interseca $\mathcal{C}$...).

---

[4]Potete poi confrontare la vostra risposta con quella che si trova nell'Appendice B.

Capitolo 15
Variazioni sul tema

15.1 Curiosità e scacchiere asimmetriche

L'inventore dell'Hex, Piet Hein, propose anche, sempre sul giornale Politiken, alcuni problemi di gioco, in cui, come nei problemi di scacchi, si chiede quali mosse deve fare un giocatore (per esempio il bianco) per vincere a partire dalla situazione descritta. Ve ne riproponiamo un paio:

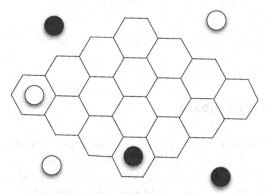

◄ **Figura 15.1** Il bianco vince: come e in quante mosse?

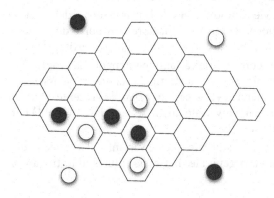

◄ **Figura 15.2** Il bianco vince: come e in quante mosse?

È interessante anche studiare il gioco dell'Hex su una scacchiera in cui i lati non sono della stessa lunghezza, per esempio 6 × 7 (vedi Fig. 15.3).

In questo caso la situazione cambia radicalmente e il nero può sempre vincere, giocando delle mosse 'simmetriche' rispetto a quelle del primo giocatore. Come è possibile dimostrarlo? Lasciamo al lettore questa domanda forse non semplicissima.

Delucchi E., Gaiffi G., Pernazza L.: Giochi e percorsi matematici
DOI 10.1007/978-88-470-2616-2_15, © Springer-Verlag Italia 2012

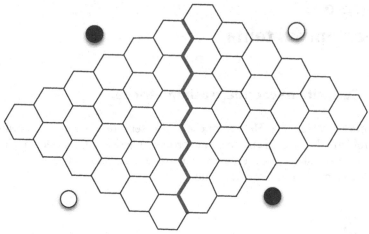

▲ **Figura 15.3** Una scacchiera 6 × 7: la linea in grassetto suggerisce la 'simmetria' che fa vincere il nero

15.2 La variante della 'doppia mossa'

Una classica variante dell'Hex è la seguente: la prima mossa avviene regolarmente, e il primo giocatore pone sulla scacchiera la sua pedina. Ma dalla seconda mossa in poi, ogni giocatore, al suo turno, pone *due* pedine sulla scacchiera. Questo sembra mitigare la situazione sfavorevole del secondo giocatore: dopo ogni sua mossa ha sulla scacchiera una pedina in più rispetto al primo giocatore. Nel caso di una scacchiera 2 × 2 questo gli garantisce addirittura la vittoria...

C'è anche una variante in cui viene modificata solo la prima mossa del secondo giocatore: la prima volta che gioca, il secondo giocatore può porre due pedine sulla scacchiera. Dopodiché tutto procede come in una regolare partita a Hex.

Possiamo subito osservare che entrambe le varianti mantengono la proprietà di non ammettere la patta. In effetti abbiamo dimostrato questa proprietà osservando che in una scacchiera da Hex piena deve esserci un percorso vincente o bianco o nero, e questo ragionamento rimane invariato anche se cambia la modalità con cui le pedine vengono poste sulla scacchiera.

Proponiamo al lettore di provare a studiare queste varianti: alcune delle domande risulteranno difficili nel caso generale, ma è già interessante trovare la risposta per scacchiere piccole.

Esercizio 15.1 Analizzare le due varianti dell'Hex appena descritte e discutere, per ciascuna di esse, le seguenti domande: quale dei due giocatori ha una strategia vincente? Si applica un argomento tipo 'mossa rubata'? Le risposte dipendono dalla grandezza della scacchiera?

15.3 Hex 'alla rovescia'

Come per molti altri giochi presentati in questo libro, una variante interessante si ottiene se si cambiano, rovesciandole, le condizioni per la vittoria. L'Hex 'alla rovescia' è quello in cui un giocatore perde se sulla scacchiera compare un percorso di pedine del suo colore che collega le sue due sponde.

Cosa possiamo dire di questo gioco? Di nuovo, lo stesso ragionamento usato per l'Hex ci garantisce che il gioco non ammette patta. Dunque esiste una strategia vincente, ma per quale giocatore? Ad istinto si sarebbe tentati di dire che si tratta del secondo, dato che nell'Hex normale è il primo che ha una strategia vincente. Ma le cose non stanno esattamente in questo modo, e la strada giusta la indica il seguente esercizio.

Esercizio 15.2 Dimostrare che, nell'Hex alla rovescia, il giocatore perdente può comunque 'lottare' e far durare la partita il massimo numero di mosse possibili, ossia finché la scacchiera non è tutta piena (n^2 mosse, se la scacchiera è $n \times n$).

Il giocatore che riempie l'ultima casella libera della scacchiera è dunque quello che perde. Infatti, fino a prima della sua mossa non ci sono percorsi che collegano le due sponde, altrimenti la partita sarebbe finita. Dopo la sua mossa un percorso c'è, e si tratta di un percorso che utilizza proprio l'ultima pedina posta.

Data dunque una scacchiera $n \times n$, se n è pari una partita giocata al meglio dura un numero pari di mosse e il primo giocatore vince. Se n è dispari vince il secondo giocatore.

Questo esempio è istruttivo perché ci invita a stare attenti quando consideriamo la versione 'alla rovescia' di un gioco!

15.4 Il Gale

Il gioco che stiamo per descrivere è stato inventato dal matematico americano David Gale, e porta il suo nome (vedi [27]). Lo stesso Gale lo ripresenta accanto a possibili variazioni nel suo articolo [25]. La scacchiera è quella in Fig. 15.4, i giocatori sono il 'bianco' e il 'nero'.

Al suo turno, il giocatore bianco traccia un segmento di colore bianco orizzontale o verticale che collega due pallini bianchi adiacenti. Analogamente, il giocatore nero traccia un segmento di colore nero orizzontale o verticale che collega due pallini neri. I segmenti tracciati non possono intersecarsi. Lo scopo del bianco è quello di costruire un cammino bianco che unisca il bordo basso e quello alto della scacchiera, lo scopo del nero... potete immaginarlo (vedi Fig. 15.5).

Questo gioco è molto legato all'Hex, anche se, dal punto di vista tattico, ha un suo interesse autonomo: ne sono state prodotte anche diverse versioni commerciali, con varianti[1].

---

[1]Una variante prevede che i giocatori usino, invece della penna, dei 'ponticelli'. Ne possiedono un numero limitato e se, dopo averli piazzati tutti, non hanno ancora vinto, devono, al loro turno, prenderne uno e cambiarlo di posizione.

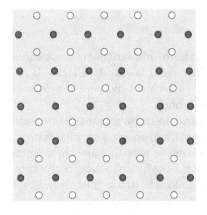

▲**Figura 15.4** Una scacchiera per il *Gale*

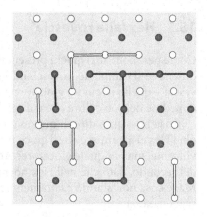

▲**Figura 15.5** Una partita di Gale in svolgimento: ognuno dei giocatori ha fatto 8 mosse

Ma il gioco può finire in patta? E quale dei giocatori possiede una strategia vincente? Ciò che sappiamo sull'Hex può essere di ispirazione per affrontare il seguente esercizio.

Esercizio 15.3 Dimostrare che il Gale non ammette patta e che il giocatore che comincia possiede una strategia vincente. Questi risultati dipendono dalla dimensione della scacchiera?

Il lettore potrà cercare di modificare e adattare le dimostrazioni viste per l'Hex oppure di utilizzare direttamente i risultati riguardanti l'Hex, 'leggendo' la scacchiera del Gale 'dentro' una scacchiera da Hex (può essere di aiuto la versione dell'Hex su scacchiera quadrata che trovate descritta più avanti al Paragrafo 17.2, Fig. 17.2). Entrambe le strade conducono a riflessioni interessanti.

Capitolo 16
In primo piano: continuità di funzioni

I teoremi che abbiamo dimostrato sull'Hex hanno radici matematiche profonde; ne parleremo ancora nel prossimo capitolo, dedicato al teorema di Brouwer e a qualche primo 'assaggio' di topologia. Alla base, in particolare, troviamo l'idea di *funzione continua*. Si tratta di uno dei concetti che più si sono rivelati trasversali nello sviluppo della matematica degli ultimi due secoli e merita dunque un approfondimento[1].

Non partiremo però direttamente con la definizione oggi comunemente accettata e condivisa tra gli addetti ai lavori; cercheremo invece di costruirla con il ragionamento e l'osservazione. Una parte rilevante dell'attività dei matematici è in effetti dedicata proprio a questo tipo di procedimenti: si identifica qualcosa che sembra intuitivamente rilevante, ma non è ancora espresso con precisione in linguaggio matematico, e si trova una maniera per esprimerlo (almeno in parte) in termini di concetti matematici già noti, in modo che lo studio possa successivamente proseguire sfruttando sia l'idea preesistente, sia gli strumenti logico-formali che la matematica mette a disposizione.

16.1 Saltando, oscillando, verso la definizione di continuità

Alcuni esempi molto chiari di funzioni continue vengono dalla fisica classica: le quantità fisiche come posizione, velocità, temperatura, pressione, lunghezza o forza variano per loro natura (ad esempio) con il tempo, ma l'esperienza ci dice che non lo fanno in modo del tutto arbitrario. In particolare, non possono cambiare istantaneamente di valore, ma lo fanno, per così dire, *gradualmente*; ed è questa proprietà di una funzione cui vorremmo dare il nome di *continuità*. Il problema, però, sta proprio nel dare un significato preciso a questo 'gradualmente'! Se probabilmente tutti abbiamo un'idea intuitiva di cosa voglia dire, andando a vedere nei dettagli scopriremo che la questione è più delicata di quanto potrebbe sembrare.

Tra l'altro, visto che stiamo descrivendo un concetto astratto, è opportuna una breve parentesi sul modo di rappresentare le funzioni: spesso rappresentiamo una funzione tramite il suo grafico, cioè il sottoinsieme delle coppie di punti del tipo

---

[1]Per completezza, precisiamo che in matematica l'aggettivo *continuo* viene utilizzato in realtà per indicare più concetti diversi tra loro: oltre alla continuità per le funzioni, il termine compare nella teoria degli insiemi (come non citare la celebre 'Ipotesi del Continuo'?) e in topologia, dove la 'Teoria dei continui' studia certi spazi particolari che godono di alcune delle proprietà della retta, della circonferenza e del segmento $[0,1]$. 'Continui' sono più in generale tutti quegli oggetti matematici che ammettono spostamenti al loro interno di qualsiasi piccola entità, che sono per questo motivo opposti agli oggetti 'discreti' (ad esempio i numeri interi) nei quali ci si può spostare di quantità che non possono scendere sotto una certa soglia; in questo senso lato il termine ha una lunga storia che risale fino all'antica Grecia. Queste diverse accezioni hanno dei legami, ma tutto sommato essi sono piuttosto labili, per cui, invece di tentare di unificarle, ci limiteremo ad occuparci della continuità solamente come possibile proprietà delle funzioni.

Delucchi E., Gaiffi G., Pernazza L.: Giochi e percorsi matematici
DOI 10.1007/978-88-470-2616-2_16, © Springer-Verlag Italia 2012

$(x, f(x))$ nel prodotto cartesiano tra l'insieme di partenza (dominio) e l'insieme di arrivo (codominio). Finché consideriamo funzioni di una variabile reale e a valori reali, quindi, potremo disegnarlo come al solito su un piano, o una parte di piano. Un esempio di funzione dall'intervallo $[0, 3]$ all'intervallo $[0, 1]$ è nella Fig. 16.1.

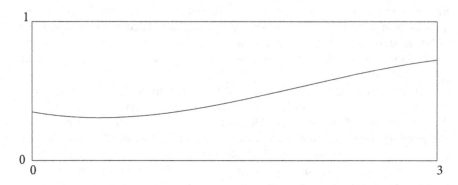

▲ **Figura 16.1** Questo sottoinsieme di un rettangolo nel piano è il grafico di una funzione

Questa non è l'unica possibilità. La Fig. 16.2 mostra un diverso modo di rappresentare il concetto di funzione reale di variabile reale: esso pone l'accento sulla corrispondenza tra i due insiemi. Sono raffigurati il dominio ed il codominio della funzione e alcune linee collegano alcuni punti del dominio con la loro immagine tramite la funzione, ossia il valore della funzione (ovviamente disegnare linee relative a tutti i punti del dominio non produrrebbe un disegno comprensibile, quindi ne abbiamo messe solo alcune; mentalmente si può comunque immaginare di averlo fatto per tutti). Nel seguito useremo per lo più grafici, ma in certi casi faremo appello anche all'immagine mentale della corrispondenza.

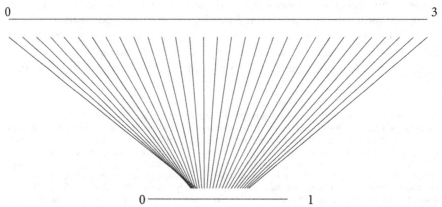

▲ **Figura 16.2** Vista come corrispondenza, la funzione della Fig. 16.1 'porta' ogni punto nella sua immagine

Per investigare il concetto di funzione continua prendiamo, per cominciare, una funzione f definita su un intervallo, ad esempio $[0,1]$, e avente valori reali: l'intervallo potrebbe raffigurare il tempo e i valori della funzione misurare una qualche quantità fisica. Ci farà comodo tenere presente questo esempio, anche se piano piano dovremo affrancarci da questa analogia per arrivare ad una definizione in termini puramente matematici.

Per certo, dobbiamo escludere dal novero delle funzioni continue la funzione rappresentata in Fig. 16.3, ma non possiamo sperare che la situazione sia sempre così chiara.

▲ **Figura 16.3** Un primo controesempio: qualunque definizione adotteremo, questa funzione non deve risultare continua

Immaginiamo l'intervallo $[0,1]$ come un filo elastico fatto di uno strano materiale che si possa, oltre che estendere enormemente, anche contrarre enormemente fino a schiacciarsi, volendo, in un solo punto: allora potremmo 'attaccare' l'intervallo all'insieme di arrivo, in questo caso la retta reale, incollando (con pazienza... infinita) ogni punto x di $[0,1]$ al punto della retta corrispondente al valore $f(x)$ (vedi appunto la Fig. 16.2).

In questo modo l'elastico potrebbe a tratti essere contratto o allungato, andare avanti e indietro e anche fermarsi accumulandosi in un punto dove magari la funzione è costante per un po': tutto questo può accadere alle quantità fisiche, quindi, basandoci sulla nostra intuizione, lo considereremo 'graduale'.

D'altro canto, come detto, non vogliamo essere costretti a tagliare l'elastico come in Fig. 16.3 (né una volta, né più di una, né tantomeno infinite volte come in Fig. 16.4), il che potrebbe accadere se la funzione improvvisamente assumesse valori distanti effettuando un *salto*; né ancora vogliamo rischiare che l'elastico ceda perché obbligato per esempio ad oscillare di una quantità positiva fissata in 'tempi' sempre più piccoli, in una specie di *oscillazione selvaggia* (come in Fig. 16.5). Questi due fenomeni non si verificano di norma con le quantità della fisica classica e vorremmo escluderli essendo cambiamenti non 'graduali', relegandoli tra i casi di funzioni *discontinue*.

Ma basterà aver escluso queste due 'patologie', o potrebbero presentarsi altri tipi di strani fenomeni che magari ora neanche immaginiamo? Per essere sicuri

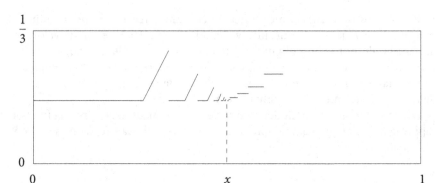

▲ **Figura 16.4** Il grafico di una funzione discontinua che ha molti salti. Ma essa deve essere considerata discontinua nel punto x?

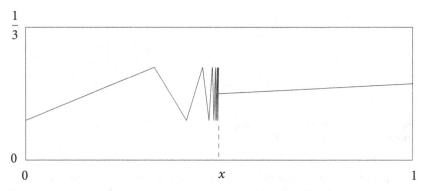

▲ **Figura 16.5** Il grafico di una funzione discontinua a causa di un'oscillazione selvaggia: alla sinistra del punto x la funzione sale e scende di una stessa quantità infinite volte, ma in intervalli sempre più piccoli (ad esempio possiamo fare in modo che i picchi verso l'alto siano nei punti di ascissa $x - \frac{1}{n}$ con $n \geq 5$ e dispari e quelli verso il basso nei punti di ascissa $x - \frac{1}{n}$ con $n \geq 6$ e pari). Il nostro metaforico filo si romperebbe perché costretto ad allungarsi all'infinito; x è un *punto di discontinuità*

abbiamo bisogno di dare condizioni più formali che descrivano e quindi in un certo senso chiariscano e delimitino l'idea di continuità.

L'intuizione ci dice che dovrebbe bastare osservare il comportamento della funzione vicino a ciascun punto del dominio, 'in piccolo', per così dire, giacché un cambiamento non graduale si manifesterebbe prima o poi in un punto specifico; perciò per ora ci limitiamo a studiare cosa vuol dire per una funzione essere 'continua in un punto'. Per quel che riguarda il concetto di continuità *su un insieme*, si tratterà di richiedere poi la stessa condizione per tutti i punti dell'insieme (ma torneremo su questo aspetto più avanti).

È giunto il momento di fare un tentativo: *dato il valore della funzione in un punto, il valore nei punti precedenti e successivi è vicino ad esso.*

Si tratta di una definizione con l'indubbio pregio della semplicità, ma sorgono subito vari problemi: quali punti precedenti o successivi? Ad esempio (come nella

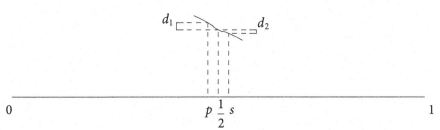

▲ **Figura 16.6** Primo tentativo di definizione: il valore della funzione nel punto p, precedente a $x = \frac{1}{2}$, e quello nel punto s, successivo a x, distano rispettivamente d_1 e d_2 dal valore in x. Chiediamo che queste distanze d_1 e d_2 siano piccole

Fig. 16.6) prendiamo il punto $\frac{1}{2}$ in $[0,1]$: ci sono infiniti punti 'vicini' ad esso, ma nessuno che sia 'il successivo'... Lo stesso può dirsi per tutti gli altri punti interni all'intervallo. E poi quanto deve essere vicino il valore? La distanza da non superare deve essere la stessa per tutti questi punti 'vicini' o può dipendere dal punto? Il problema di questa definizione è che si basa su concetti a loro volta non ben definiti.

Il problema non è risolto rovesciando la definizione 'in negativo': *rispetto al valore della funzione in un punto, il valore nei punti vicini non è mai troppo lontano*.

Anzi, qui abbiamo da definire cosa significhi 'lontano' e in più anche cosa significhi 'troppo'.

Tra l'altro, queste definizioni sembrerebbero non impedire l'esistenza di salti molto piccoli (cioè sotto una certa soglia). Ci serve invece una definizione che non abbia problemi di 'scala', così da evitare questa trappola.

Però stiamo attenti: se correggessimo la definizione in *dato un valore della funzione, il valore nei punti vicini è distante meno di qualunque numero* impediremmo alla funzione di cambiare valore del tutto, esagerando nel senso opposto!

La situazione sembra un po' sfuggente per due motivi in un certo senso speculari: da una parte, proprio perché ogni volta che consideriamo un punto 'vicino' ce ne sono infiniti altri ancora più vicini che avrebbero, per così dire, la precedenza su di esso; dall'altra, perché vorremmo evitare fenomeni 'patologici', ma essi possono essere di qualunque ampiezza, anche molto piccola.

La soluzione verrà dal far scontrare questi due aspetti della questione tra loro. Prendiamo un punto dato x, con il corrispondente valore della funzione $f(x)$, e fissiamo un certo numero positivo α. Stabiliamo di chiamare 'vicini' i punti che distano dal punto x meno di α: chiederemo che su questi la funzione abbia valori non tanto distanti (cioè limiteremo il massimo delle distanze da $f(x)$ dei valori della funzione su questi punti).

Così facendo impediamo alla funzione di fare salti o oscillazioni di una certa ampiezza nei pressi di x; ma come impedire quelli più piccoli? Ci affideremo a punti più vicini: chiediamo che, scegliendo un numero positivo $\beta < \alpha$ e considerando i punti che distano da x meno di β, sia minore anche la (massima) distanza dei valori da $f(x)$. Sembra che si instauri in sostanza un vero e proprio 'inse-

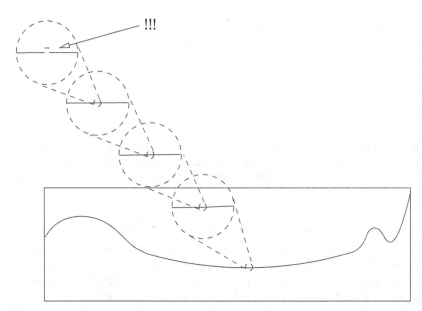

◀ **Figura 16.7** Secondo tentativo di definizione: se il valore del salto 'proibito' è fissato in anticipo, la definizione dipende dalla scala e non possiamo evitare sorprese!

guimento': ora fisseremo un numero positivo γ ancora più piccolo e imponiamo una distanza ancora minore dei valori, e così via in passi successivi verso i valori a distanza... zero, cioè il valore stesso $f(x)$. Così, ogni salto e ogni oscillazione selvaggia si troveranno ad essere vietati, prima o poi.

È abbastanza chiaro che non possiamo (in generale) cavarcela con un numero finito di numeri positivi $\alpha > \beta > \gamma > \cdots$, perché ovviamente non sappiamo in anticipo dove potrebbe esserci un salto o un'oscillazione selvaggia, e di quale ampiezza potrebbe essere; così come non sappiamo in anticipo quanto velocemente debbano calare le distanze dei valori, quindi possiamo solo chiedere che si avvicinino a 0 prima o poi.

La nostra definizione coinvolge ora infinite condizioni simultanee. È come se, perseguendo il continuo miglioramento, ci dessimo degli obiettivi sempre più impegnativi sulla distanza massima tra i valori della funzione, che però ogni volta possiamo sperare di raggiungere stringendoci ancora più vicino al punto.

La definizione cui siamo giunti potrebbe essere scritta così: *man mano che consideriamo punti con distanza massima dal punto x sempre più piccola, la distanza massima dei valori della funzione da $f(x)$ si avvicina sempre di più a 0.*

Questa formulazione ha anche il pregio di essere verificabile, almeno in linea di principio: di volta in volta, in modo diverso a seconda della funzione e del punto, possiamo sforzarci di trovare un legame tra le variazioni dei valori rispetto a $f(x)$ e le distanze da x dei punti in cui sono assunti. Ma quale distanza fissiamo per prima?

Nel dire che 'cambiare di poco il punto cambia di poco anche il valore' potrebbe sembrare che sia la distanza dal punto ad essere il nostro punto di partenza;

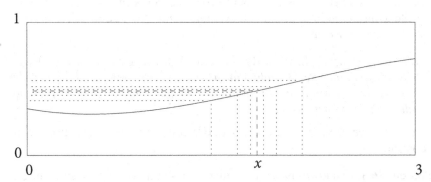

▲ **Figura 16.8** Consideriamo punti costretti a stare a distanze sempre più piccole da un punto dato x. Qui vediamo come esempio cosa accade nel caso della funzione della Fig. 16.1: da notare come effettivamente gli intervalli dei valori diventano a loro volta sempre più piccoli

ma, in realtà, il nostro scopo è di limitare la variazione dei valori agendo sulla distanza dal punto, quindi innanzitutto dobbiamo fissare il nostro obiettivo, cioè una distanza massima tra i valori e poi dimostrare che abbastanza vicino al punto questa distanza non è superata.

In un certo senso, quindi, fissiamo un intervallo di 'tolleranza' per i valori della funzione (a partire da $f(x)$) e ci chiediamo quali saranno i punti i cui valori sono entro questa tolleranza. In base alla precedente proposta di definizione, dobbiamo poter rispondere 'sicuramente tutti quelli che sono abbastanza vicini ad x'.

Potremmo cioè dire che: *una funzione è* continua in un punto x *se, comunque si prenda un piccolo intervallo aperto I attorno al valore della funzione in x, in tutti i punti del dominio abbastanza vicini ad x i valori della funzione rimangono in I.*

Con un'altra metafora (che prendiamo da [42] e [47]) è come se si instaurasse una gara tra uno 'sfidante' che fissa un numero positivo (l'intervallo sui valori) ed un 'campione' che, per quanto piccolo sia il numero positivo scelto dallo sfidante, riesce sempre a trovare una parte di dominio che contiene x in cui i valori della funzione soddisfano la richiesta dello sfidante.

Chiariamo che non stiamo dicendo che *solo* vicino ad x i valori appartengono all'intervallo I: è possibile che anche in altri punti più lontani il valore ricada in I, ma di quelli non ci interessa, visto che stiamo decidendo della continuità della funzione *in x*.

16.2 Il punto d'arrivo

Alla luce di tutto questo ragionamento, diamo finalmente la seguente:

Definizione 16.1 Una funzione definita sulla retta e a valori reali è *continua in un punto x* se, comunque si prenda un intervallo aperto I contenente il valore della funzione in x, esiste un intervallo aperto J contenente x in cui la funzione assume in tutti i punti solo valori che sono in I.

Diamo la stessa definizione anche per funzioni definite su una semiretta o su un intervallo, considerando in questi casi eventualmente solo i punti dell'intervallo *J in cui la funzione è definita.*

Esercizio 16.2 Verificare che la condizione della definizione è equivalente alla seguente: *la controimmagine[2] di qualunque intervallo aperto I attorno al valore della funzione nel punto x contiene tutti i punti del dominio compresi in un opportuno intervallo aperto J contenente x.*

Ora, come avevamo anticipato, definiamo la continuità anche su sottoinsiemi del dominio.

Definizione 16.3 Una funzione definita sulla retta, su una semiretta o su un intervallo, è *continua su un insieme S* (contenuto nel suo dominio) se è continua in tutti i punti dell'insieme *S*. Se la funzione è continua sul suo dominio viene detta semplicemente *continua.*

Una funzione che non è continua è detta *discontinua* e i punti in cui essa non è continua si chiamano *punti di discontinuità* della funzione.

Esempio 16.4 Riprendiamo la funzione della Fig. 16.2, il cui grafico è rappresentato nella Fig. 16.8: essa era stata costruita apposta perché i suoi valori in funzione della variabile indipendente *x* fossero espressi da

$$-\frac{1}{30}x^3 + \frac{1}{5}x^2 - \frac{7}{40}x + \frac{7}{20}$$

dove *x* varia nell'intervallo $[0, 3]$ della retta reale. Verifichiamo che si tratta di una funzione continua nel punto indicato in figura, che corrisponde al numero 1,8 (ragionamenti analoghi si potrebbero fare in quasi tutti i punti di $[0, 3]$). Questo è facile conseguenza, ad esempio, dell'Esercizio 18.10 (verificarlo!), ma proponiamo al lettore di dare una dimostrazione esplicita usando gli intervalli, in base alla traccia seguente.

Secondo la definizione, consideriamo intervalli di ampiezza positiva arbitraria centrati nel valore $f(1,8)$, cioè 0,4886. Nella Fig. 16.9 sono indicati tre di questi intervalli; possiamo immaginare di far riferimento al più grande dei tre, che chiameremo $[a, b]$. Ora, la sua controimmagine contiene un intervallo vicino al punto 1,8? È così, e non è difficile convincersene guardando il grafico, ma abbiamo visto che non possiamo fidarci di questa semplice osservazione (vedi Fig. 16.7). Per dimostrarlo rigorosamente ci serviremo del fatto che la funzione negli intervalli segnati è *monotòna crescente*, cioè ha valori che aumentano al crescere della variabile indipendente (questa circostanza fortunata, naturalmente, non si verifica in generale).

---

[2]Ricordiamo che la *controimmagine di un elemento a* del codominio è il sottoinsieme del dominio dato dagli *x* tali che $f(x) = a$ e la controimmagine di un sottoinsieme *A* del codominio è il sottoinsieme del dominio dato dagli *x* tali che $f(x) \in A$. In ambedue i casi, la controimmagine può naturalmente essere vuota.

Esercizio 16.5 Dimostrare che questa funzione è monotona negli intervalli indicati. La cosa si può fare con metodi elementari (vedi le indicazioni dell'Esercizio 18.7).

Perciò se ora prendiamo le controimmagini di a e di b (quali altre proprietà della funzione stiamo sfruttando in questo momento?), indicate con y_1 e y_2, tutti i punti y intermedi tra di esse avranno giocoforza valori della funzione a loro volta intermedi tra quelli in y_1 ed in y_2, cioè contenuti in $[a, b]$: quindi la controimmagine dell'intervallo $[a, b]$ contiene l'intervallo $[y_1, y_2]$, che ha ampiezza positiva (perché?).

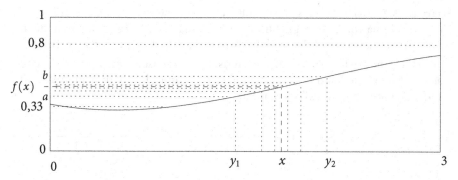

▲ **Figura 16.9** Le controimmagini degli intervalli attorno al valore di $f(x)$ contengono intervalli attorno ad x

La stessa cosa si potrebbe dire per gli altri due intervalli indicati attorno al valore $0{,}4886$ e più in generale per tutti quelli contenuti in $[a, b]$. Ma che accade se invece prendiamo ad esempio l'intervallo $[0{,}33, 0{,}8]$? Ora l'estremo $0{,}33$ si trova ad avere due punti nella controimmagine, uno dei quali molto vicino a 0. La controimmagine dell'altro estremo, poi, è l'insieme vuoto. Il nostro ragionamento va evidentemente corretto; peraltro è molto importante saper riutilizzare con una certa elasticità i ragionamenti già visti, che spesso contengono idee buone da usare anche in casi molto diversi da quello originale. In questo caso per soddisfare la condizione basterà osservare che la controimmagine di $[0{,}33, 0{,}8]$, nonostante non sia un intervallo, contiene pur sempre lo stesso intervallo $[y_1, y_2]$ di prima.

Possiamo notare così che può darsi che uno stesso intervallo attorno ad x soddisfi la condizione rispetto a più di un intervallo di valori (per quali intervalli la soddisferà, esattamente?).

Per concludere questo esempio, dobbiamo trattare tutti i punti dell'intervallo $[0, 3]$. Per i punti appartenenti ad intervalli in cui la funzione è monotona i ragionamenti fatti si estendono direttamente; il seguente esercizio si occupa del caso rimanente.

Esercizio 16.6 Adattare la dimostrazione anche al caso in cui x è il punto di minimo di f e quindi la funzione non è più monotona nei pressi del punto. Concludere che f è continua su $[0, 3]$, cioè è 'continua' *tout-court*.

L'Esempio 16.4 ci ispira anche un'altra osservazione: l'immagine di f (ossia l'insieme di tutti i valori che f assume) in questo caso è un intervallo, i cui estremi sono ovviamente il minimo ed il massimo di f. Potremmo dunque pensare che 'avere come immagine un intervallo' sia già sufficiente perché f sia continua, ma non è così: se prendiamo infatti la funzione il cui grafico è rappresentato in Fig. 16.10, notiamo che ha la stessa immagine di f, però non è continua (sapreste indicare esplicitamente punti ed intervalli a causa dei quali questa funzione non soddisfa la definizione che abbiamo dato?).

Osserviamo che esistono sottointervalli del dominio la cui immagine tramite questa funzione non è un intervallo. Il seguente esercizio pone allora una domanda naturale.

Esercizio 16.7 Una funzione definita sulla retta (o su intervallo o su una semiretta) che non solo ha come immagine un intervallo, ma tale che anche l'immagine di un qualunque sottointervallo del dominio è un intervallo, è per forza continua?

Rimandiamo all'Esercizio 18.12 per un risultato in senso inverso: se la funzione è definita su un intervallo I, ha valori reali ed è continua, la sua immagine sarà un intervallo, una semiretta o l'intera retta.

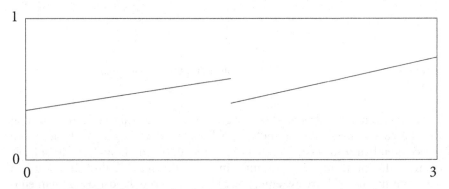

▲ **Figura 16.10** Il grafico di una funzione discontinua che ha come immagine un intervallo

16.3 Funzioni continue e proprietà fondamentali dei numeri reali

Tra i molti motivi per cui la continuità di una funzione è un concetto interessante, uno dei principali è proprio il legame che le funzioni continue risultano avere con alcune proprietà fondamentali del dominio e del codominio della funzione stessa. Il seguente esercizio svolto mostra una caratteristica molto importante delle funzioni continue definite sull'intervallo $[0,1]$.

Esercizio 16.8 Sia f una funzione continua definita sull'intervallo $[0,1]$. Si mostri che allora esiste un *minimo* di f, ovvero un punto dove f assume un valore minore o uguale a quello che assume in tutti gli altri punti di $[0,1]$.

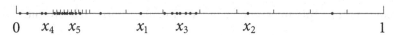

▲ Figura 16.11 I punti x_n si accumulano in almeno uno dei sottointervalli in cui abbiamo diviso l'intervallo $[0,1]$

Dimostrazione incompleta. Risolviamo questo esercizio ragionando per assurdo: che succederebbe se non ci fosse un punto di minimo? Partendo da un punto qualunque di $[0,1]$ si potrebbe trovare un altro punto in cui il valore della funzione è più basso, poi un terzo punto in cui il valore è più basso che nel secondo, e così via per sempre. Chiamiamo questi punti di $[0,1]$ $x_1, x_2, \ldots x_n, \ldots$, nell'ordine in cui li abbiamo trovati.

Ora dividiamo l'intervallo $[0,1]$ in un numero finito di sottointervalli, ad esempio nei dieci intervalli $\left[0, \dfrac{1}{10}\right], \left[\dfrac{1}{10}, \dfrac{2}{10}\right], \ldots, \left[\dfrac{9}{10}, 1\right]$: poiché il numero dei sottointervalli è finito, almeno uno dei dieci sottointervalli conterrà infiniti x_n; se più di un sottointervallo lo facesse, ne scegliamo uno solo. Se suddividiamo ulteriormente questo sottointervallo (sempre in 10 sottointervallini congruenti come prima), ancora ci sarà almeno un sottointervallino che conterrà infiniti x_n; e così via.

A forza di scegliere intervalli la cui ampiezza si avvicina sempre più a 0, individueremo un unico punto $\bar{x}$ che è comune a tutti questi intervalli (per capire come mai, si noti ad esempio che ad ogni passo rimane individuata una cifra decimale di $\bar{x}$, quindi se consideriamo tutti i passi insieme avremo fissato tutta l'espansione decimale di $\bar{x}$).

Ma quanto vale la funzione in $\bar{x}$? Vicino a $\bar{x}$ ci sono punti dal valore sempre più basso, perciò $\bar{x}$ deve essere un punto di minimo di f. □

Esercizio 16.9 Perché la dimostrazione precedente è incompleta?

Dimostrazione corretta. Consideriamo l'immagine di f: per l'Esercizio 18.12, tale immagine è un intervallo, una semiretta o tutta la retta. Una parte della dimostrazione precedente può essere usata per mostrare che tale immagine non può essere illimitata verso il basso (verificarlo!). Allora la tesi equivale a dimostrare che si tratta in realtà di un intervallo che contiene il suo estremo inferiore (cioè è del tipo $[a, b)$ oppure $[a, b]$), o di una semiretta chiusa del tipo $[a, +\infty)$.

Consideriamo una successione $\{a_n\}$ (concetto che abbiamo definito nella nota a pagina 41) i cui valori si avvicinano progressivamente ad a diminuendo, come ad esempio nel caso di $a_n = a + \dfrac{1}{n}$ (per fare in modo che si tratti di punti dell'immagine bisognerà eventualmente cominciare da un n sufficientemente grande cosicché $\dfrac{1}{n} < b - a$); in corrispondenza di tali valori prendiamo dei punti di $[0,1]$ dove questi valori vengono assunti e li chiamiamo x_n.

Riciclando il procedimento della dimostrazione precedente, determiniamo il punto $\bar{x}$ e sia $a' = f(\bar{x})$: tutto sta a mostrare che deve essere $a' = a$. Da un lato, per la scelta di a non è possibile $a' < a$: può essere magari $a' > a$? Se fosse così, esisterebbe un piccolo intervallo vicino a $\bar{x}$ in cui i valori sarebbero tutti molto vicini ad a', per esempio in un intervallo di ampiezza minore di $\dfrac{a'-a}{2}$: ma per la costruzione di $\bar{x}$ tra questi punti ci sarebbero anche tutti gli x_n da un certo valore di n in poi, il che è una contraddizione non appena a_n, avvicinandosi ad a, scenderà sotto il valore $a' - \dfrac{a'-a}{2}$. $\qquad\qquad$ □

L'esercizio che abbiamo appena svolto descrive una proprietà delle funzioni continue legata alla struttura della retta, quindi sarebbe strano se veramente valesse solo per l'intervallo $[0,1]$. In fondo, cos'ha questo intervallo di così speciale che lo renda migliore di $[1,2]$, di $[7,8]$ oppure di $[-3,5]$? Il fatto che fosse proprio $[0,1]$ non è entrato mai in gioco... salvo quando abbiamo detto che la ripetuta divisione in 10 parti determina univocamente le cifre decimali di $\bar{x}$, l'una dopo l'altra. Sapreste adattare il ragionamento agli altri intervalli citati?

L'esercizio seguente fa capire che però qualche ipotesi deve essere mantenuta.

Esercizio 16.10 Mostrare con due controesempi che la tesi dell'esercizio può non essere vera se il dominio è tutta la retta, o una semiretta.

Trovare poi quale passaggio della dimostrazione è falso se il dominio è un intervallo qualunque, non necessariamente chiuso.

L'importanza del punto $\bar{x}$ è data solo dal fatto che l'abbiamo costruito in modo che ogni intervallo (di ampiezza positiva) che lo contiene, per piccolo che sia, contenga anche un numero infinito degli x_n. Si dice che gli x_n si *accumulano* in $\bar{x}$, o anche che $\bar{x}$ è un *punto di accumulazione* degli x_n.

Possiamo usare questo concetto per generalizzare la dimostrazione precedente: per evitare i casi dell'Esercizio 16.10, ci limitiamo ad un intervallo chiuso. Ci servirebbe dunque di saper dimostrare che: *ogni successione infinita* $\{x_n\}$ *contenuta in un intervallo chiuso I possiede un punto di accumulazione $\bar{x}$ in I*.

In effetti, questo enunciato non è che un altro teorema molto importante, comunemente attribuito a due matematici, Bolzano e Weierstrass. Per la dimostrazione rinviamo all'Esercizio 18.13.

Possiamo ora enunciare il teorema generale, la cui dimostrazione a questo punto è una semplice rivisitazione dell'argomento usato per dimostrare l'Esercizio 16.8:

Teorema 16.11 (Teorema di Weierstrass) *Sia f una funzione continua definita su un intervallo chiuso I della retta reale e a valori reali. Allora esiste un minimo di f in I, cioè un punto dove f assume un valore minore o uguale a quello che assume in tutti gli altri punti di I.*

Esercizio 16.12 Sapreste dedurre da questo enunciato che allora esiste anche un massimo di f in I (cioè un punto dove f assume un valore maggiore o uguale a quello che assume in tutti gli altri punti di I)?

16.4 L'importanza di essere uniformi

Discutiamo ora una variante del concetto di continuità su un insieme, la *continuità uniforme*, che sarà fondamentale nel prossimo capitolo.

Per poter dire che una funzione è continua su un insieme, come abbiamo visto, si chiede che la condizione di continuità sia valida in tutti i punti dell'insieme. Ma allora, se per la continuità in un punto abbiamo immaginato di instaurare una specie di gara tra due contendenti, qui dobbiamo pensare ad un supercampionato in cui ad ogni punto corrisponde una partita diversa e in cui il 'campione' ha come compito quello di vincerle tutte.

L'impresa sembra piuttosto difficile, a meno che costui non possa rendersi la vita un po' più agevole scegliendo l'intervallo (o meglio l'ampiezza di esso) a prescindere dal punto che contiene: non fa in fondo già abbastanza fatica a ricavare la dipendenza delle ampiezze dei suoi intervalli dal numero positivo scelto dal suo antagonista? O sarà proprio necessario tenere anche conto del punto?

Esercizio 16.13 Sia f la funzione definita su $[0,1]$ e a valori in $[0,1]$ tale che $f(x) = \sqrt{x}$. Se lo sfidante sceglie come ampiezza $\dfrac{1}{100}$, esiste un numero che il campione possa scegliere senza curarsi del punto? Se sì, quale? E per un'ampiezza qualunque ε?

Sia ora g la funzione definita su $(0,1)$ e a valori reali tale che $g(x) = \dfrac{1}{x}$. Quali sono le risposte alle domande fatte sopra in questo caso?

In realtà, dunque, stiamo parlando di due nozioni diverse: se ci lasciamo la libertà di cambiare l'ampiezza dell'intervallo in funzione del punto oltre che della 'tolleranza' richiesta, la funzione come sappiamo si dice *continua*; mentre se per ogni livello di tolleranza esiste un'ampiezza comune che possiamo scegliere per tutti i punti la diremo *uniformemente continua*. Per confrontare le due definizioni le scriviamo qui una di seguito all'altra, ad esempio per funzioni definite sulla retta.

Definizione 16.14 Una funzione f definita sulla retta e a valori reali è *continua* se, dato un qualunque punto x della retta ed un qualunque intervallo aperto I contenente $f(x)$, la controimmagine di I contiene tutti i punti del dominio compresi in un opportuno intervallo aperto J contenente x.

Definizione 16.15 Una funzione f definita sulla retta e a valori reali è *uniformemente continua* se, data una qualunque ampiezza di intervallo (cioè un numero positivo ε) ne esiste un'altra (un altro numero positivo δ) per cui, per ogni punto x della retta, nella controimmagine dell'intervallo aperto I di ampiezza ε centrato nel valore $f(x)$ si può trovare un intervallo J contenente tutti i punti la cui distanza da x non supera δ.

Come detto, la differenza sta soprattutto nel ruolo svolto dall'ampiezza di J: nel primo caso la sua ampiezza dipende dall'ampiezza di I e dal punto che contiene (nonché dalla funzione, naturalmente), mentre nel secondo caso dipende solo dall'ampiezza di I (come conseguenza, è chiaro che una funzione uniformemente continua è anche continua).

Questa distinzione è sottile, tanto che ad esempio gli Esercizi 18.9 e 18.10, che stabiliscono alcune proprietà notevoli della famiglia delle funzioni continue, hanno un loro naturale analogo nell'Esercizio 18.17 nel caso delle funzioni uniformemente continue.

Ad accentuare la vicinanza tra i due concetti, segnaliamo anche l'Esercizio 18.15: ogni funzione continua su un intervallo chiuso è anche uniformemente continua. Oltre ad essere un'altra proprietà importante di per sé delle funzioni continue, questo mostra che su intervalli chiusi i due tipi di continuità sono in effetti equivalenti!

Il fatto che i due concetti di continuità e di uniforme continuità siano tutto sommato parimenti naturali è avvalorato anche dalla storia: infatti, fino all'inizio dell'Ottocento veniva considerato scontato che tutte le funzioni fossero continue tranne che eventualmente in un numero finito di punti e spesso era dato per scontato anche che fossero uniformemente continue; e ancora alla fine dell'Ottocento c'era dibattito circa quale delle due definizioni dovesse essere quella di funzione 'continua'. Visto che però i due concetti non coincidono (come mostra l'Esercizio 18.6), fu necessario distinguerli.

Ma, dato conto della nomenclatura (che è in ogni caso solo convenzionale), nel paragrafo seguente, trattando dei concetti sviluppatisi con l'avvento della 'topologia' appunto verso la fine dell'Ottocento, ripercorreremo di fatto anche il percorso grazie al quale l'attuale nozione di 'continuità' ha permesso di sviluppare ricerche del tutto nuove e inaspettate nel modo formale tipico della matematica. In alcuni casi in cui le distanze tra i punti sono particolarmente importanti, però, converrà utilizzare il concetto di continuità uniforme, che descrive quelle situazioni con maggior precisione.

16.5 L'appetito vien generalizzando. Cercare di arrivare al piano dalla retta, finendo per scoprire la topologia

Il frutto del lungo lavoro di rielaborazione dell'immagine intuitiva di funzione continua (e uniformemente continua) dei paragrafi precedenti sarà raccolto ora che cercheremo di generalizzare la definizione.

Nei paragrafi precedenti abbiamo considerato funzioni continue su un intervallo, una semiretta o su tutta la retta reale. Una prima possibile generalizzazione è proposta nel seguente esercizio.

Esercizio 16.16 Era necessario che il dominio fosse di questo tipo? Quali delle proprietà e dei teoremi che abbiamo visto valgono ancora se usiamo la stessa definizione per funzioni a valori reali definite su un sottoinsieme qualunque della retta? Possiamo estendere a funzioni aventi per dominio un generico sottoinsieme della retta anche la nozione di continuità uniforme?

Ma la nostra aspirazione è ancora più grande. Per esempio, è naturale ora chiedersi cosa fare per funzioni dalla retta al piano (cioè che ad ogni punto della retta fanno corrispondere un punto del piano). Ritorniamo alle origini del nostro percorso: vogliamo attaccare questi punti della retta (ora tutta 'elastica') sul piano senza che l'elastico si rompa. Di nuovo, il problema sorge se dobbiamo spostarci repentinamente lontano o se, avvicinandoci ad un certo punto del piano, dobbiamo continuare ad oscillare o a girovagare senza avvicinarci prima o poi decisamente ad un valore preciso. Nel tentativo di compiere il minimo sforzo possibile, prendiamo la definizione così com'è. Essa parla di 'intervallo I contenente $f(x)$', ma nel nostro caso $f(x)$ è un punto del piano: quale intervallo dobbiamo considerare?

Naturalmente, non dobbiamo farci fuorviare dalle parole, ma farci guidare dall'analogia. Prima avevamo parlato di intervalli perché volevamo prendere tutti i punti più vicini di una distanza fissata, quindi ora si tratterà di considerare un cerchio C attorno a $f(x)$. Facciamo poi partire una nuova gara: chiederemo che pur potendo lo sfidante scegliere un cerchio qualunque (quelli piccoli saranno i più 'a rischio', naturalmente), il campione possa sempre trovare un intervallo (di ampiezza positiva) nella retta di partenza che contiene x e tale che tutti i suoi punti vanno a finire dentro a C.

Definizione 16.17 Una *curva nel piano* (o *curva piana*) è una funzione continua definita su un intervallo della retta reale o su tutta la retta e a valori nel piano.

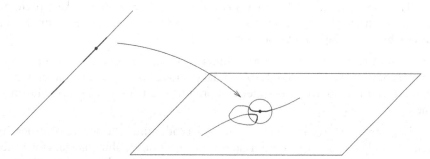

▲ **Figura 16.12** La continuità per le curve piane dipende dalle controimmagini dei cerchi e non più degli intervalli

L'immagine della funzione nel caso delle curve prende il nome di *sostegno della curva*. Sottolineiamo che una curva è quindi, propriamente parlando, una funzione e *non* un insieme di punti del piano: è possibile infatti che molte funzioni diverse abbiano la stessa immagine (lo stesso sostegno, quindi) e, anzi, tra di esse alcune saranno continue ed altre no.

Esercizio 16.18 Adattare la funzione della Fig. 16.10 per trovare due curve piane con la stessa immagine, una continua e l'altra no.

Nonostante ciò, talvolta, se non c'è possibilità di equivoco, per amor di brevità viene chiamata 'curva' quello che in realtà sarebbe il suo sostegno. Evidentemente in quei casi le affermazioni non dipenderanno da quale funzione (continua) ha il sostegno in questione.

Vale la pena di dare anche un altro paio di definizioni: una curva nel piano definita su un intervallo chiuso e che assume nei due estremi lo stesso valore viene detta *curva chiusa*; se poi una curva non passa mai due volte per lo stesso punto (a parte eventualmente gli estremi dell'intervallo nel caso di una curva chiusa, appunto) viene detta *curva semplice*. Le proprietà delle curve semplici chiuse sono molto interessanti; ne daremo una prima descrizione nel Paragrafo 17.1 del prossimo capitolo.

Anche nel caso delle curve nel piano potrebbe capitare che a raggio fissato, ma cambiando il punto, per rientrare nei vari cerchi sia necessario scegliere un intervallo in partenza di grandezza diversa, magari più piccolo, sempre più piccolo tanto che alla fine nessuna ampiezza andrebbe bene per tutti i punti: rimane, insomma, la distinzione tra funzione continua e funzione uniformemente continua. Fortunatamente, rimane anche il teorema che avevamo dimostrato a proposito di esse.

Esercizio 16.19 Modificare la dimostrazione dell'Esercizio 18.15 per mostrare che una curva definita su un intervallo chiuso è una funzione uniformemente continua.

Ma cosa accadrà se invece abbiamo una funzione dal piano al piano? In questo caso non si tratterebbe più di incollare un filo elastico su un piano, ma un foglio elastico su un altro foglio. Possiamo immaginare una tale funzione un po' come una deformazione del piano, una specie di strana carta geografica, che mette in corrispondenza il piano di partenza con il piano di arrivo (o con una parte di esso). In questo caso se la funzione non fosse continua si aprirebbe un 'buco', dove il foglio si strapperebbe per forza.

Esercizio 16.20 Dare la definizione di funzione continua e di funzione uniformemente continua per il caso di funzioni dal piano al piano. Le funzioni continue definite su un quadrato chiuso (cioè comprendente il perimetro) sono uniformemente continue?

Il legame con le proprietà del dominio e del codominio che porta a considerare importanti le funzioni continue si capisce meglio, ora che abbiamo generalizzato la definizione: in effetti, sono proprio esse a dare la corretta base matematica per un certo concetto di 'forma'.

Diremo infatti che due insiemi hanno 'la stessa forma' (saranno, come si suol dire, *omeomorfi*) se esiste una funzione continua e biunivoca da uno all'altro la cui inversa sia a sua volta continua (e biunivoca). Sia la funzione che la sua inversa sono allora (per definizione) degli *omeomorfismi*.

Due oggetti omeomorfi possono apparire anche molto diversi fra loro (per esempio un'arancia, un cubo, un martello e un bicchiere, di qualunque grandezza), eppure hanno delle proprietà profonde in comune. La *topologia* è il ramo della matematica che si interessa degli oggetti geometrici cercando appunto di individuarne le proprietà più intrinseche, quelle che restano invariate dopo un omeomorfismo. Nei prossimi capitoli avremo varie occasioni per fare incursioni alla scoperta di questo 'nuovo mondo' su cui siamo approdati.

Per esempio, una conseguenza del già citato Esercizio 18.12 è che gli unici sottoinsiemi della retta omeomorfi ad un intervallo chiuso sono gli intervalli chiusi. Diamo un altro esempio.

Esercizio 16.21 Definiamo *connesso per archi* un insieme del piano in cui ogni coppia di punti può essere collegata da una curva continua (confrontare questa definizione con quella di grafo connesso 5.10). Dimostrare che essere connesso per archi è una *proprietà topologica,* cioè non cambia facendo un omeomorfismo; anzi, che più in generale l'immagine di un insieme connesso per archi tramite una funzione continua è ancora un insieme connesso per archi.

In questo nostro breve *excursus* nel campo delle funzioni continue ci siamo più che altro limitati a parlare di funzioni a valori reali o nel piano e definite su intervalli o sul piano, ma è giunto il momento di liberare la fantasia: sarà possibile dare una definizione ancora più generale? Sarà veramente necessario utilizzare una misura della distanza tra due punti o se ne potrà fare a meno? Che scelta potremmo fare, ad esempio, se parliamo di funzioni tra insiemi con un numero finito di elementi? E questo concetto ha senso anche se gli elementi degli insiemi non sono numeri?

Ognuno può cercare di percorrere un proprio cammino alla volta di una sempre maggiore generalizzazione del concetto di continuità. Per sapere quali sono state le scelte della comunità matematica, invece, rimandiamo ai libri di testo di analisi matematica o di topologia, come ad esempio [42], [47] o [10].

Capitolo 17
In primo piano: il teorema di Brouwer e primi assaggi di topologia

In questo 'primo piano' presenteremo due teoremi di natura topologica. Nel primo paragrafo daremo informazioni (senza dimostrazione) sul teorema della curva di Jordan nel suo enunciato più generale, in cui la curva poligonale presente nella versione 'semplificata' (Teorema 14.6) viene sostituita da una qualunque curva semplice chiusa. Nel secondo paragrafo invece dimostreremo il famoso teorema di Brouwer che afferma che una funzione continua da un quadrato in sé ha almeno un punto fisso. Come elemento essenziale della dimostrazione utilizzeremo il teorema dell'Hex, svelando così il significato profondo dell'assenza di 'patte' nell'Hex.

17.1 Il teorema della curva di Jordan

Abbiamo visto nel Capitolo 16 che una curva continua nel piano è una funzione continua dalla retta (o da un intervallo di essa) al piano: questa presentazione formale rielabora il concetto intuitivo di 'tratto disegnato nel tempo senza alzare la penna dal foglio'. Allo stesso modo dire che una curva continua è chiusa corrisponde a 'la penna termina il suo movimento nel punto dove l'aveva cominciato' (vedi Fig. 17.1) e dire che è semplice a 'la penna non ripassa su un punto dove è già passata'. In questo capitolo non avremo bisogno di distinguere tra una curva e il suo sostegno.

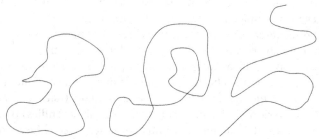

▲ **Figura 17.1** Da sinistra a destra: una curva semplice chiusa, una curva chiusa ma non semplice, una curva semplice ma non chiusa

Quali sono le proprietà topologiche di una curva semplice chiusa, ossia quelle che rimangono invariate anche dopo una 'deformazione continua con inversa continua', cioè un omeomorfismo? Non certo la lunghezza, la forma, la maggiore o minore spigolosità. Infatti è facile far cambiare queste caratteristiche con degli omeomorfismi.

Delucchi E., Gaiffi G., Pernazza L.: Giochi e percorsi matematici
DOI 10.1007/978-88-470-2616-2_17, © Springer-Verlag Italia 2012

Esercizio 17.1 Descrivere un omeomorfismo tra la circonferenza di raggio 1 centrata nell'origine del piano e il quadrato di lato 2 con centro nell'origine del piano e lati paralleli agli assi.

In realtà ogni curva semplice chiusa è omeomorfa ad una circonferenza. Non dimostreremo questo fatto ma, pur lasciandolo a livello intuitivo, osserviamo che esso ci permette di pensare al problema anche da un altro punto di vista: quali proprietà della circonferenza si conservano dopo un omeomorfismo?

Una proprietà, semplice ma fondamentale, viene individuata dal teorema di Jordan, di cui appunto abbiamo già discusso nel Paragrafo 14.3 la versione 'poligonale':

Teorema 17.2 (Teorema della curva di Jordan, enunciato generale in forma intuitiva) *Una curva semplice chiusa nel piano divide il piano in due insiemi connessi per archi: un 'dentro', limitato, e un 'fuori', illimitato. La curva è il contorno comune di queste due parti.*

La dimostrazione di questo teorema, a dispetto della semplicità del suo enunciato, non è affatto semplice. Fu intuito e formulato da M. E. C. Jordan (nel 1887), ma la dimostrazione da lui proposta si rivelò incompleta. Seguirono anni di tentativi, mentre cresceva lo stupore nel constatare le difficoltà che si incontravano in una questione apparentemente banale. La prima dimostrazione corretta fu infine trovata da Oswald Veblen nel 1905. L'insidia sta proprio nel concetto di curva semplice chiusa, che comprende una vastissima quantità di oggetti geometrici, visto che include tutte le possibili immagini omeomorfe della circonferenza (osserviamo che per curve elementari, come la circonferenza, o un poligono regolare, o un'ellisse, il teorema è molto facile da dimostrare).

Non ci è possibile riportare nessuna delle dimostrazioni note del teorema generale, anche se alcune parti sarebbero abbordabili già con i nostri mezzi. Ad esempio, risulta relativamente facile mostrare che una curva semplice chiusa *separa il piano*, cioè che se escludiamo dal piano i punti della curva non possiamo sempre collegare con una curva due punti tra quelli rimasti; il teorema però non si limita a questo, perché asserisce altre due cose: che il piano è diviso in due parti *solamente* (il fatto che risulti difficile pensare ad una curva che divida il piano in tre o più parti non significa che questo fatto non debba essere formalmente dimostrato!) e che la curva è il bordo comune alle due parti, che sono una limitata (che viene chiamata *interno della curva*) ed una illimitata (*esterno della curva*).

Un risultato ulteriore (che è noto come teorema di Schönflies) precisa che la parte di piano costituita dall'interno di una curva semplice chiusa e dalla curva stessa è omeomorfa ad un cerchio.

Quando passiamo a pensare in dimensione superiore, cioè ad esempio ad un insieme omeomorfo ad una sfera[1] nello spazio, è piacevole scoprire che valgono ancora le proprietà del teorema della curva di Jordan: l'immagine omeomorfa di una sfera divide lo spazio in due parti, una limitata e una illimitata, di cui essa è il bordo comune.

---

[1]Con il termine sfera intendiamo la superficie sferica.

Sorprendentemente, però, il teorema di Schönflies non vale più: ancora una volta anche oggetti matematici piuttosto semplici come la sfera mostrano (per fortuna) di possedere molte proprietà interessanti.

17.2 Il teorema di Brouwer (attraverso l'Hex)

Il teorema di Brouwer che ora enunciamo parla di funzioni continue da un quadrato in sé, ma può essere anche applicato alle funzioni da un cerchio in sé, o da un poligono in sé... basta che si tratti di un insieme omeomorfo ad un quadrato.

Teorema 17.3 (Teorema del punto fisso di Brouwer) *Sia* $f : Q \to Q$ *una funzione continua da un quadrato Q (che comprende il suo bordo, ossia è 'chiuso') in sé. Allora esiste almeno un punto fisso per f, ossia un $x \in Q$ tale che $f(x) = x$.*

Osserviamo per prima cosa che se non considerassimo una figura (quadrato, cerchio, poligono...) chiusa, l'enunciato sarebbe falso, come mostra il seguente esercizio:

Esercizio 17.4 Sia Q il quadrato nel piano cartesiano che ha come vertici i punti $(-1, -1), (-1, 1), (1, -1)$, e $(1, 1)$. Sia Q' il quadrato Q senza il bordo. Dimostrare che la funzione $g : Q' \to Q'$ che manda il punto (x, y) nel punto $(\frac{x+1}{2}, y)$ è una funzione continua senza punti fissi.

Quando si guarda un esempio specifico, l'esistenza di questo punto fisso diventa a seconda dei casi una realtà evidente e una coincidenza del tutto improbabile. La varietà delle possibili funzioni continue dal quadrato in sé è tale che ne possono capitare di tutti i colori! Ma più che la sua verosimiglianza questo teorema è importante per la sua utilità in moltissimi campi della matematica. Si tratta di un vero e proprio 'jolly' che tuttora permette la dimostrazione di molti teoremi nuovi.

La sua dimostrazione è stata fatta e rifatta molte volte. Questo non deve sorprendere: anche se perché un teorema sia vero, ovviamente, basta una sola dimostrazione corretta, dimostrazioni diverse possono essere cercate per vari motivi. Inizialmente magari si vogliono semplificare dimostrazioni molto complicate; più avanti, può servire rileggere gli argomenti sotto una luce diversa, che offra un senso nuovo agli stessi ragionamenti; e talvolta, soprattutto per teoremi versatili come questo, può bastare come motivazione il fatto che a molti matematici piace esprimere la propria creatività. In questo caso, la dimostrazione del teorema di Brouwer che proponiamo è dovuta a David Gale (vedi [24]) ed è particolarmente interessante per noi perché utilizza il teorema dell'Hex (Teorema 14.1).

Il punto cruciale di questa dimostrazione (quello in cui entra in gioco il teorema dell'Hex) consiste nel mostrare che, scelto a piacere un numero reale $\varepsilon > 0$, possiamo trovare un punto $x \in Q$ tale che $|f(x) - x| < \varepsilon$, ossia tale che la funzione f lo sposta di 'meno di ε'.[2]

---

[2]La differenza di due punti nel piano (a, b) e (c, d) è la coppia $(a - c, b - d)$ e la *norma* di una coppia (x, y) è il numero (positivo o nullo) $\sqrt{x^2 + y^2}$. La norma di un punto si può vedere come la sua distanza dall'origine e possiamo interpretare $|f(x) - x|$ come una misura dello spostamento che x subisce a causa di f.

Supponendo di aver dimostrato questo, per terminare la dimostrazione del Teorema 17.3 osserviamo che nelle nostre ipotesi la funzione (dal quadrato Q a $\mathbb{R}$) che al punto x associa la distanza tra x e $f(x)$ è anch'essa una funzione continua (vedi Esercizio 18.8). Se essa non vale mai 0 allora, per l'Esercizio 18.14, deve avere un minimo diverso da 0 (e perciò positivo): ma questo è in contraddizione col fatto che per ogni ε è possibile trovare un punto spostato meno di ε. Dunque per certi punti x di Q la distanza fra x e $f(x)$ deve essere 0, il che significa che tali punti sono punti fissi per la f.

Perciò ci basta dimostrare l'enunciato seguente:

Teorema 17.5 (Brouwer) *Sia* $f : Q \to Q$ *una funzione continua da un quadrato* Q *in sé. Allora per ogni numero reale* $\varepsilon > 0$ *esiste almeno un punto* x *di* Q *tale che* $|f(x) - x| < \varepsilon$.

Dimostrazione. Per prima cosa ci procuriamo un modello 'quadrato' della scacchiera da Hex. Si tratta della scacchiera 'alla Nash' (vedi Fig. 17.2): come il lettore può facilmente verificare, ogni esagono corrisponde ad un vertice del grafo, e i percorsi fra gli esagoni corrispondono ai percorsi sul grafo. Il giocatore bianco, per esempio, deve costruire, piazzando le sue pedine, un cammino che unisce un vertice del lato sinistro con un vertice del lato destro (i vertici del cammino devono essere tutti occupati da una pedina bianca). Non abbiamo fatto altro che trasformare il gioco sulla nostra scacchiera in un gioco a lui equivalente, che si gioca però su un grafo.

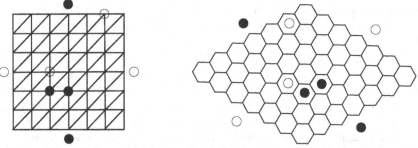

▲ **Figura 17.2** Una scacchiera da Hex 7×7 e la sua versione 'quadrata': nelle due scacchiere si sta svolgendo la stessa partita

Possiamo ora descrivere lo schema della dimostrazione: fissato ε, l'idea di fondo è quella di immaginare disegnata sul quadrato Q una scacchiera da Hex quadrata in cui i vertici sono molto vicini 'rispetto a ε'. Ma quanto devono essere vicini esattamente?

Osserviamo innanzitutto che, per quanto dimostrato nell'Esercizio 18.15, la funzione f *non è solamente continua, ma anche uniformemente continua, essendo definita su un quadrato chiuso del piano.* Allora, fissata una distanza qualunque, possiamo sempre trovare un numero δ piccolo a sufficienza perché, se due punti distano meno di δ (qualunque essi siano), le loro immagini distino meno di questa distanza.

Scegliamo dunque δ tale che se $|x - y| < \delta$ allora $|f(x) - f(y)| < \varepsilon/2$. Possiamo inoltre supporre che δ verifichi $\varepsilon/2 > \delta > 0$. Vogliamo ora che ogni segmento presente nella scacchiera sia più corto di δ (in particolare richiediamo che ciò valga per i segmenti 'lunghi', ossia quelli diagonali). Dunque, se l è la lunghezza del lato di Q, immagineremo una scacchiera $k \times k$, con k un intero positivo scelto sufficientemente grande da avere $(l/k)\sqrt{2} < \delta$.

A questo punto studiamo il comportamento della funzione f sui vertici della scacchiera. Se troviamo un vertice v tale che $|f(v) - v| < \varepsilon$ abbiamo finito. Supponiamo invece di non trovarlo: allora dimostreremo che è possibile ricoprire tutti i vertici della scacchiera con pedine bianche e nere in modo tale che non ci sia un percorso vincente né per il bianco né per il nero. Ma questo, visto il teorema dell'Hex, è assurdo. Quindi deve esistere un vertice v tale che $|f(v) - v| < \varepsilon$: quindi addirittura la tesi è verificata proprio da un vertice della nostra scacchiera.

Ora che abbiamo descritto lo schema, mettiamoci all'opera: supponiamo dunque che per ogni vertice w della scacchiera valga $|f(w) - w| \geq \varepsilon$. Immaginiamo di avere un sistema di coordinate nel piano sistemato in modo che i lati orizzontali del grafo-scacchiera siano paralleli all'asse delle ascisse e i lati verticali a quello delle ordinate. Se p è un punto del piano indichiamo con p_x e p_y la sua ascissa e la sua ordinata. Dunque per esempio $(f(w) - w)_x = f(w)_x - w_x$ è la differenza fra l'ascissa di $f(w)$ e quella di w. Visto che $|f(w) - w| \geq \varepsilon$ deve valere almeno una delle seguenti disuguaglianze:

$$|(f(w) - w)_x| \geq \varepsilon/2 \qquad |(f(w) - w)_y| \geq \varepsilon/2$$

(possono valere anche tutte e due contemporaneamente). Quindi f 'sposta' w, o in verticale o in orizzontale, di almeno $\varepsilon/2$. Questa osservazione ci dà modo di costruire 4 insiemi costituiti da vertici della scacchiera, in modo tale che ogni vertice debba appartenere ad almeno uno di questi insiemi:

$$O(\rightarrow) = \{w \mid (f(w) - w)_x \geq \varepsilon/2\},$$
$$O(\leftarrow) = \{w \mid -(f(w) - w)_x \geq \varepsilon/2\},$$
$$V(\uparrow) = \{w \mid (f(w) - w)_y \geq \varepsilon/2\},$$
$$V(\downarrow) = \{w \mid -(f(w) - w)_y \geq \varepsilon/2\}.$$

Come suggeriscono le frecce, $O(\rightarrow)$ contiene i vertici che si spostano verso destra di almeno $\varepsilon/2$, $O(\leftarrow)$ contiene i vertici che si spostano verso sinistra di almeno $\varepsilon/2$, $V(\uparrow)$ contiene i vertici che si spostano verso l'alto di almeno $\varepsilon/2$ e infine $V(\downarrow)$ contiene i vertici che si spostano verso il basso di almeno $\varepsilon/2$.

Ora poniamo le pedine sulla scacchiera nel seguente modo: poniamo una pedina bianca in tutti i vertici appartenenti a $O(\rightarrow)$ o a $O(\leftarrow)$ (notiamo che questi due insiemi sono, per costruzione, disgiunti). I vertici rimasti liberi devono necessariamente appartenere a $V(\uparrow)$ o a $V(\downarrow)$ (anche questi due insiemi sono disgiunti) e poniamo su di loro una pedina nera. A questo punto la scacchiera è tutta riempita. Il nostro scopo è mostrare che non c'è un cammino vincente né bianco né nero, ottenendo così un assurdo.

Il punto cruciale consiste nell'osservare che non c'è alcun lato del grafo che collega un vertice di $O(\rightarrow)$ con un vertice di $O(\leftarrow)$ (e lo stesso vale per $V(\uparrow)$ e $V(\downarrow)$). Infatti, per come abbiamo scelto k (ossia grazie al fatto che la griglia della scacchiera è sufficientemente 'fine'), se due vertici v e w sono adiacenti, distano fra di loro meno di δ. Dunque per la uniforme continuità deve valere

$$|f(v) - f(w)| < \varepsilon/2. \tag{17.1}$$

Ma se per due vertici adiacenti v, w valesse[3] $v \in O(\rightarrow)$ e $w \in O(\leftarrow)$, potremmo scrivere:

$$\begin{cases} (f(v) - v)_x > \varepsilon/2 \\ -(f(w) - w)_x > \varepsilon/2 \end{cases}$$

(vedere anche la Fig. 17.3 che illustra uno dei casi possibili).

Quindi sommando otterremmo

$$f(v)_x - f(w)_x + w_x - v_x > \varepsilon$$

e a maggior ragione dovrebbe valere

$$f(v)_x - f(w)_x + |w_x - v_x| > \varepsilon.$$

Ora, dato che v e w sono adiacenti, $|w_x - v_x| < \delta$; inoltre, visto che $\delta < \varepsilon/2$, avremmo $|w_x - v_x| < \varepsilon/2$ e quindi $f(v)_x - f(w)_x > \varepsilon/2$, che contraddice la (17.1).

Questo dimostra che non c'è alcun segmento nella scacchiera che connette un vertice di $O(\rightarrow)$ con un vertice di $O(\leftarrow)$; allo stesso modo si procede per $V(\uparrow)$ e $V(\downarrow)$.

Possiamo a questo punto tirare le fila della nostra dimostrazione. Deve esistere un percorso vincente sulla scacchiera, ce lo garantisce il teorema dell'Hex. Diciamo che sia un percorso bianco (se fosse nero la dimostrazione sarebbe del tutto analoga): allora dovrebbe essere tutto contenuto in $O(\rightarrow) \cup O(\leftarrow)$ (perché è su questi vertici che abbiamo posizionato le pedine bianche). Più precisamente, visto che i due insiemi sono disgiunti e non connessi da segmenti, tale percorso dovrebbe essere tutto contenuto in uno solo dei due, diciamo $O(\rightarrow)$. Questo però è assurdo, perché per costruzione $O(\rightarrow)$ non contiene vertici sulla sponda bianca destra (i vertici di $O(\rightarrow)$ sono 'spostati' verso destra dalla funzione f, e questo non può accadere per un vertice che è già sul bordo destro). Dunque il percorso vincente non può esistere e siamo di fronte ad una contraddizione. Ma l'unica supposizione che avevamo fatto che non discendesse direttamente dalle ipotesi del teorema era che non esistesse un vertice tale che $|f(v) - v| < \varepsilon$. Abbiamo dunque dimostrato che un tale vertice esiste e questo dimostra il teorema.

□

---

[3] Inizia qui una breve argomentazione per assurdo all'interno della dimostrazione 'lunga', che è anch'essa per assurdo.

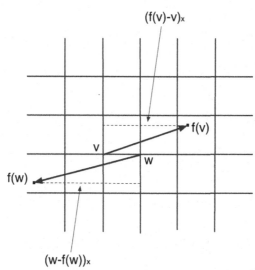

▲ **Figura 17.3** Un esempio con $v \in O(\rightarrow)$, $w \in O(\leftarrow)$ e v a sinistra di w. Per uniforme continuità sappiamo che $|f(v) - f(w)| < \varepsilon/2$. I segmenti tratteggiati hanno lunghezza rispettivamente $(w - f(w))_x$ e $(f(v) - v)_x$. Ma tali lunghezze, per definizione di $O(\rightarrow)$ e $O(\leftarrow)$, sono entrambe maggiori di $\varepsilon/2$ e il segmento con estremi v, w ha lunghezza inferiore a δ e dunque a $\varepsilon/2$; quindi vale $f(v)_x - f(w)_x > \varepsilon/2$ e a maggior ragione $|f(v) - f(w)| > \varepsilon/2$, il che è in contraddizione con l'uniforme continuità della funzione

Va detto per completezza che si può dimostrare anche il viceversa, nel senso che una opportuna utilizzazione del teorema di Brouwer (che ovviamente in quel caso dovrebbe essere dimostrato per altra via) permette di dimostrare di nuovo il teorema dell'Hex. Per non uscire troppo dal solco che stiamo seguendo dobbiamo omettere i dettagli, per i quali rimandiamo il lettore interessato all'articolo originale (vedi [24]).

Capitolo 18
Altri esercizi

18.1 Ancora giochi

Esercizio 18.1 Consideriamo il seguente gioco ideato da G. Simmons e chiamato *Sim* (vedi [45]). Si parte disegnando sul piano i vertici di un esagono regolare. Ci sono due giocatori, il 'rosso' e il 'nero': al proprio turno il giocatore nero sceglie due vertici che non sono collegati da un segmento e li collega con un segmento di colore nero. Analogamente, il giocatore rosso al suo turno sceglie due vertici che non sono collegati da un segmento e li collega con un segmento rosso (vedi Fig. 18.1, in cui il rosso è sostituito dal grigio). Se un giocatore chiude un triangolo

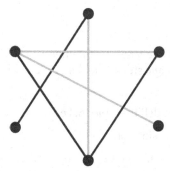

◀ **Figura 18.1** Una partita a Sim in svolgimento

con i tre lati tutti del proprio colore (e i cui vertici sono tre dei vertici iniziali) ha perso. Dimostrare che questo gioco non può finire in patta. Quale dei due giocatori ha una strategia vincente? Vale o non vale un argomento tipo 'mossa rubata'?

Suggerimento. Per orientarsi in merito alla mossa rubata, pensare se è un vantaggio o no avere disegnato un lato in più del proprio colore.

Esercizio 18.2 Considerare il Sim 'alla rovescia', ossia in cui vince chi completa per primo un triangolo con i lati tutti del proprio colore. Quale dei due giocatori ha una strategia vincente? Vale o non vale un argomento tipo 'mossa rubata'?

Esercizio 18.3 Considerare il Sim stavolta a partire da un pentagono. Questo gioco può finire in patta? Come giochereste se foste il primo giocatore?

Il seguente esercizio mette in luce la domanda sui grafi che era nascosta nei precedenti problemi sul Sim.

Esercizio 18.4 Consideriamo il grafo completo K_n con $n \geq 3$ e coloriamo i suoi lati usando due colori. Per quali valori di n è sempre possibile, comunque sia avvenuta la colorazione, trovare un triangolo con tutti i lati dello stesso colore?

Esercizio 18.5 Si può giocare a Hex su normali fogli di carta a quadretti? Dimostrare che il gioco sulla tabella della Fig. 18.2 equivale ad un Hex 5×5.

Delucchi E., Gaiffi G., Pernazza L.: Giochi e percorsi matematici
DOI 10.1007/978-88-470-2616-2_18, © Springer-Verlag Italia 2012

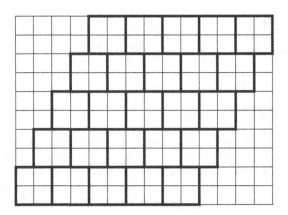

▲ **Figura 18.2** Una scacchiera da Hex su foglio a quadretti?

18.2 Funzioni continue

Esercizio 18.6 La funzione da $[0,1]$ a $\mathbb{R}$ che vale costantemente $\sqrt{2}$ è continua? È uniformemente continua? Rispondere alle stesse due domande per la funzione da $\mathbb{R}$ a $\mathbb{R}$ che manda x in x^2.

Esercizio 18.7 Dimostrare che la funzione dell'Esempio 16.4 è monotona crescente nell'intervallo $\left[\frac{1}{2}, 3\right]$. Indichiamo una possibile strada:

1 calcolare la funzione in due punti arbitrari x_1 ed x_2 dell'intervallo, con $x_1 < x_2$, e fare la differenza: osservare che si può scrivere l'espressione che ne risulta come $(x_2 - x_1)R(x_1, x_2)$, dove $R(x_1, x_2)$ è un polinomio di secondo grado in due variabili;

2 calcolare $R(x_1, x_1)$ e determinare in che intervallo assume valori positivi e dove ha il massimo;

3 calcolare il minimo di $R(x_1, x_1)$ nell'intervallo che ha come estremi il punto di massimo e 3;

4 osservare che anche $R(x_1, x_2) - R(x_1, x_1)$ si può scrivere come $(x_2 - x_1)Q(x_1, x_2)$ e concludere, usando l'identità $R(x_1, x_2) = R(x_1, x_1) + [R(x_1, x_2) - R(x_1, x_1)]$, che se $x_2 \leq 2$ la funzione è monotona crescente;

5 grazie al punto 3 e alla stessa identità del punto precedente, dimostrare che la funzione è monotona crescente in tutto l'intervallo $\left[\frac{1}{2}, 3\right]$.

Esercizio 18.8 Dimostrare che se $f : Q \to Q$ è una funzione continua da un quadrato nel piano in sé, la funzione $g : Q \to \mathbb{R}$ tale che $g(x) = |f(x) - x|$ è anch'essa continua.

Esercizio 18.9 Siano f e g due funzioni continue dal piano al piano (vedi Esercizio 16.20). Dimostrare, usando la definizione, che le funzioni composte $f \circ g$ e $g \circ f$ sono continue.

Esercizio 18.10 Siano f e g due funzioni continue dal piano alla retta. Dimostrare, usando la definizione, che la funzione somma $f + g$ e la funzione prodotto fg sono continue (la funzione $f + g$ è la funzione che soddisfa $(f + g)(x) = f(x) + g(x)$ per ogni punto x del piano, e analogamente fg soddisfa in ogni punto $(fg)(x) = f(x)g(x)$). Supponiamo poi che la funzione f non assuma mai il valore 0. Allora la funzione $\dfrac{1}{f}$ è continua?

Esercizio 18.11 Consideriamo la funzione f dal piano alla retta definita così:

$$f((x_1, x_2)) = \frac{x_1 x_2}{x_1^2 + x_2^2} \quad \text{se } (x_1, x_2) \neq (0, 0) \quad \text{e} \quad f((0,0)) = 0.$$

Questa funzione è continua?

Esercizio 18.12 Dimostrare che una funzione continua definita su un intervallo I della retta (o su una semiretta, o sulla retta) e a valori reali ha come immagine un intervallo, una semiretta o l'intera retta.

Suggerimento. Un modo per dimostrarlo è far vedere che se due valori distinti a_1 e a_2 (sia $a_1 < a_2$) sono assunti, diciamo in x_1 e x_2, anche tutti i valori compresi tra i due lo sono. Prendiamo dunque un valore a tale che $a_1 < a < a_2$ e cerchiamo di dimostrare che a viene assunto dalla f. Per far questo, consideriamo il punto medio tra x_1 e x_2: il valore $f\left(\dfrac{x_1 + x_2}{2}\right)$ è superiore, inferiore o uguale ad a? Ripetiamo la divisione dell'intervallo... accade che o troviamo direttamente un punto che ha per immagine a oppure troveremo una successione di intervalli $\{I_n = [\alpha_n, \beta_n]\}$ (inclusi uno nell'altro) tale che l'ampiezza di ognuno è la metà dell'ampiezza del precedente e tali che a è sempre compreso nel segmento di estremi $f(\alpha_n)$ e $f(\beta_n)$. Come sappiamo dal Paragrafo 16.3, la successione $\{\alpha_n\}$ contiene un punto di accumulazione α. Quanto vale $f(\alpha)$?

È vero che, se I è un intervallo, l'immagine è anch'essa un intervallo?

    È vero che, se I è un intervallo chiuso, l'immagine è ancora un intervallo chiuso (eventualmente 'degenere', ossia costituito da un solo punto)?

Esercizio 18.13 Completare la dimostrazione del teorema di Bolzano-Weierstrass (e con essa quella del teorema di Weierstrass del Paragrafo 16.3).

Suggerimento. Una strada possibile è la seguente:

1 dimostrare che se abbiamo un insieme X, costituito da certi punti x_n, e un suo sottoinsieme ha un punto di accumulazione, anche X ne ha uno (anzi, tutti i punti di accumulazione del sottoinsieme sono di accumulazione anche per X, che però può eventualmente averne anche altri);

2 dimostrare che il fatto che una successione monotona e limitata di numeri reali abbia un punto di accumulazione è una facile conseguenza dell'assioma di Dedekind sulle classi contigue, che fa parte della *definizione* dei numeri reali[1];

---

[1] Per approfondimenti sulla definizione dei numeri reali vedere per esempio [42].

3 dimostrare che ogni successione $\{x_n\}$ ammette una *sottosuccessione* monotona, dove per sottosuccessione intendiamo una successione fatta scorrendo gli x_n nell'ordine, ma con la libertà di saltarne alcuni.

Esercizio 18.14 Dimostrare una versione bidimensionale del teorema di Weierstrass, modificando la dimostrazione del Teorema 16.11 per adattarla ad una funzione continua definita su un quadrato chiuso del piano e a valori reali (vedi Fig. 18.3); in particolare, dedurre che se essa è sempre maggiore di 0, il minimo è un numero positivo.

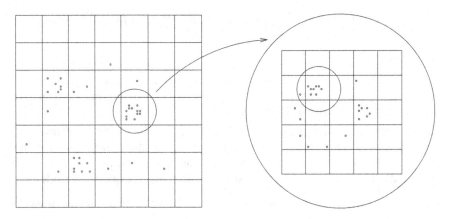

▲ **Figura 18.3** Gradatamente ci si avvicina a un punto di minimo

18.3 Uniforme continuità e omeomorfismi

Esercizio 18.15 Dimostrare che una funzione continua definita su un intervallo chiuso della retta e a valori reali è anche uniformemente continua.

Suggerimento. Può essere utile considerare la funzione di due variabili 'differenza dei valori di f in due punti'.

Esercizio 18.16 Definire una funzione da $\mathbb{R}$ in $\mathbb{R}$ il cui grafico è quello 'suggerito' dalla Fig. 18.4 (dove tutti i segmenti hanno pendenza $\pm 45°$). Tale funzione è uniformemente continua?

Esercizio 18.17 Siano f e g due funzioni uniformemente continue definite sulla retta e a valori reali.
1 La loro somma $f + g$ è una funzione uniformemente continua?
2 Il loro prodotto fg è una funzione uniformemente continua?
3 E la loro composizione $f \circ g$?

Esercizio 18.18 Trovare un omeomorfismo tra un cerchio e un insieme che è l'unione di tre quadrati adiacenti e di lato uguale che formano una 'L'.

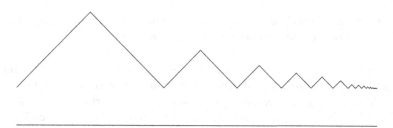

▲ **Figura 18.4** Una funzione a 'denti di sega'

Esercizio 18.19 Come si potrebbe dimostrare che la corona circolare non è omeomorfa al cerchio?

Suggerimento. Una strada potrebbe partire dall'osservazione che i contorni non sono omeomorfi... ma attenzione ai dettagli! Un'altra strada ci viene offerta dal teorema di Brouwer.

Esercizio 18.20 Definiamo *biconnesso per archi* un insieme che rimane connesso per archi anche se gli viene tolto un punto qualunque (confrontare questa definizione con quella di grafo biconnesso 5.12). Dimostrare che la biconnessione per archi è una proprietà invariante per omeomorfismo (dunque una proprietà topologica), ma esibire un esempio di insieme biconnesso per archi che tramite una funzione continua ha immagine non biconnessa per archi (contrariamente a ciò che accade per gli insiemi connessi per archi).

Esercizio 18.21 Dimostrare che le tre curve della Fig. 18.21 non sono omeomorfe fra loro.

Suggerimento. Si può osservare che la circonferenza è l'unica biconnessa per archi... per distinguere le altre due, provate a immaginare di togliere due punti...

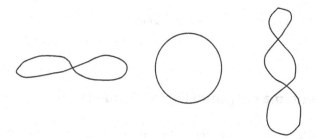

▲ **Figura 18.5** Tre curve 'topologicamente diverse'

18.4 Il teorema della curva di Jordan

Esercizio 18.22 Qual è il numero massimo di regioni nelle quali si può suddividere il piano usando 5 circonferenze?

Esercizio 18.23 È possibile modificare l'enunciato del teorema della curva di Jordan perché valga anche per curve chiuse non semplici?

Esercizio 18.24 Secondo un'antica leggenda araba, uno sceicco non voleva dare in moglie la figlia (bellissima... almeno secondo lui!) a nessuno dei molti pretendenti e perciò escogitava sempre nuovi ostacoli per impedirlo. Una volta dichiarò che l'avrebbe data in sposa solamente a chi avesse risolto i due problemi seguenti: collegare con tre linee continue le tre coppie di lettere corrispondenti dei due schemi delle Fig. 18.6 e 18.7 senza che le curve si tocchino tra loro né attraversino i segmenti già tracciati. Molti furono in grado di risolvere il primo, ma fallirono il secondo. Voi sareste stati in grado di superare la prova?[2]

▲ **Figura 18.6** L'enigma arabo - versione facile

▲ **Figura 18.7** L'enigma arabo - versione difficile

18.5 Il teorema del punto fisso di Brouwer

Esercizio 18.25 Una trasformazione affine del piano (cioè una funzione continua che manda rette in rette) manda

1 il punto $(0,0)$ nel punto $(2,1)$;

2 il punto $(10,0)$ nel punto $(7,1)$;

---

[2]Il lettore potrà poi confrontare la sua risposta con quella che si trova più avanti al Capitolo 22, dove questo argomento viene ripreso e approfondito.

3 il punto $(10, 10)$ nel punto $(7, 6)$;

4 il punto $(0, 10)$ nel punto $(2, 6)$.

Avrà punti fissi? Quali?

Suggerimento. Mostrare che il quadrato Q di vertici $(0, 0)$, $(10, 0)$, $(10, 10)$, $(0, 10)$ viene mandato nel quadrato di vertici $(2, 1)$, $(7, 1)$, $(7, 6)$, $(2, 6)$, che è contenuto in Q.

Esercizio 18.26 Con una telecamera riprendiamo una scena in cui è presente in primo piano lo schermo acceso di un televisore collegato alla telecamera stessa. Cosa mostra lo schermo? Potremmo definire una funzione che ha un punto fisso in un particolare punto dello schermo? Considerare anche la possibilità che la telecamera e il televisore poggino su piani non paralleli.

Esercizio 18.27 Una funzione continua definita su $[0, 1]$ ha valori in $[3, 7]$. Dimostrare che esiste un a in $[0, 1]$ tale che $f(a) - 3 = 4a$.

Esercizio 18.28 Sia f una funzione continua definita sul quadrato $[0, 1] \times [0, 1]$ e a valori in $\left[\dfrac{1}{4}, \dfrac{3}{4}\right]$. Supponiamo inoltre che se fissiamo l'ascissa x la funzione ristretta a ciascun segmento verticale abbia un solo massimo lungo l'ordinata y (che ne esista uno è garantito dall'Esercizio 18.14). Dimostrare che allora esiste uno di questi punti di massimo, diciamo $(\bar{x}, \bar{y})$, in cui il valore della funzione è proprio $\bar{x}$.

Parte IV

Cavoletti di Bruxelles

Capitolo 19
I Cavoletti di Bruxelles: presentazione e prime domande

Il gioco con cui si apre questa ultima parte del libro è forse meno noto rispetto ai precedenti, ma sicuramente non meno ricco di spunti di riflessione matematica. *Cavoletti di Bruxelles* fa parte di una famiglia di giochi 'germoglianti' il cui capostipite (che si chiama 'Sprouts', cioè 'germogli': ne parleremo più avanti) è stato inventato da J.H. Conway e M.S. Paterson nel 1967 a Cambridge.

Per giocare bastano carta e penna: la situazione di partenza consiste in un certo numero di piccole croci tracciate sul foglio, ad esempio così.

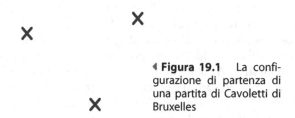

◄ **Figura 19.1** La configurazione di partenza di una partita di Cavoletti di Bruxelles

Una mossa consiste nel collegare due bracci liberi con un tratto di penna (una curva semplice, nel linguaggio del capitolo precedente), sul quale poi si traccia un piccolo tratto trasversale, creando altri due bracci liberi. Né il tratto di penna né il trattino trasversale devono intersecare alcuno dei tratti già disegnati.

Vince il giocatore che fa l'ultima mossa, ossia perde il giocatore che, al suo turno, si rende conto di non poter collegare, in base alle regole, nessuno dei bracci liberi.

Facciamo un esempio, partendo da tre croci. Il giocatore che fa la prima mossa collega fra loro due delle croci e il secondo giocatore potrebbe rispondere come in Fig. 19.2.

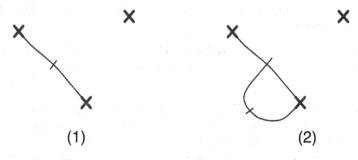

(1)   (2)

▲ **Figura 19.2**

Delucchi E., Gaiffi G., Pernazza L.: Giochi e percorsi matematici
DOI 10.1007/978-88-470-2616-2_19, © Springer-Verlag Italia 2012

◀ **Figura 19.3**

Dopo qualche altra mossa, come vediamo in Fig. 19.3, può capitare che il risultato veramente assomigli... ad un cavoletto di Bruxelles!

La prima cosa che salta all'occhio è che ad ogni mossa il numero di bracci liberi non cambia: se ne utilizzano due congiungendoli, ma se ne creano subito altri due con il trattino aggiuntivo. A volte, come si nota ad esempio in Fig. 19.3, si vengono a creare dei bracci 'intrappolati', che quindi non potranno più essere utilizzati per il gioco, ma in linea di principio non è da escludere che tali situazioni possano essere accuratamente evitate, e che quindi certe partite possano continuare indefinitamente. Ecco quindi che la questione della finitezza dal gioco, che nei capitoli precedenti aveva esito scontato, in questo caso diventa più interessante.

Domanda 19.1 Cavoletti di Bruxelles termina sempre in un numero finito di mosse? La risposta dipende o no dal numero di croci da cui si parte o dalla loro disposizione nel piano?

Questa domanda richiede subito ulteriori precisazioni. Cosa vuol dire 'termina in un numero finito di mosse'? Si può intendere in due modi. Una prima interpretazione è: il numero di mosse è finito indipendentemente dalle scelte dei giocatori. In tal caso possiamo anche concludere subito che il gioco non ammette patta: il giocatore che fa l'ultima mossa vince. Se le cose stessero così, saremmo incoraggiati a provare a rafforzare la nostra domanda sulla finitezza formulandola nel seguente modo:

Domanda 19.2 Cavoletti di Bruxelles è un gioco combinatorio finito? La risposta dipende o no dal numero di croci da cui si parte o dalla loro disposizione nel piano?

Aver coinvolto i giochi combinatori finiti suscita però una riflessione: infatti nella definizione di gioco combinatorio finito compare la richiesta che ci sia solo un numero finito di configurazioni possibili. In questo caso, visto che il tratto di penna che collega due bracci può essere tracciato in infiniti modi (può per esempio essere una spezzata, o un tratto con ondulazioni più o meno accentuate, può girare alla destra o alla sinistra di alcune delle altre croci presenti nel piano, o altro ancora), sembra che ad ogni turno i giocatori abbiano a disposizione addirittura infinite mosse – producendo in tal modo infinite configurazioni. Questo ci invita a riflettere: cosa vuol dire esattamente configurazione?

Una interpretazione 'rigida' del termine è 'disegno che appare sul foglio dopo una mossa'. Ma forse esistono altre interpretazioni, che dipendono meno dalla 'variabilità' del tratto di penna. Certo, una informazione importante per individuare una mossa consiste nello specificare quali sono i bracci liberi che vengono collegati dal nuovo tratto di penna. Ma questo basta a descriverne completamente l'effetto sul gioco o è troppo poco? Riassumendo con altre parole:

Domanda 19.3 Fissati i due bracci liberi da collegare, quanta influenza ha sulla sostanza del gioco il percorso esatto del tratto di penna? Vedi Fig. 19.4.

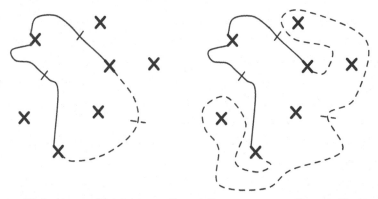

▲ **Figura 19.4** Una partita iniziata con 7 croci. Due mosse sono già state effettuate. Adesso tocca di nuovo al primo giocatore: a sinistra e a destra vediamo due delle mosse che può effettuare. Si tratta di due percorsi che collegano gli stessi due bracci liberi. Le configurazioni ottenute sono 'identiche' ai fini del proseguimento del gioco?

La seconda interpretazione della frase 'il gioco termina in un numero finito di mosse' è: esistono infinite configurazioni, ma un giocatore può, magari cercando di intrappolare più bracci liberi possibile ad ogni mossa, 'costringere' il gioco a finire. In questo caso non possiamo concludere subito che il gioco non ammette patta. Infatti se un giocatore si accorgesse che rendere finito il gioco lo porterebbe alla sconfitta, sarebbe invece interessato a farlo proseguire all'infinito, tentando di creare uno stato di patta.

Questa osservazione rilancia la domanda naturale sulla esistenza di strategie vincenti:

Domanda 19.4 Esiste una strategia per vincere Cavoletti di Bruxelles? E per quale giocatore? La risposta dipende o no dal numero di croci da cui si parte e dalla loro disposizione nel piano?

Capitolo 20
Risposte: finitezza, strategia, . . . topologia!

Cominciamo studiando il caso più semplice possibile: quello in cui si parte da una sola croce. Illustriamo nella figura sottostante due mosse iniziali possibili in questo caso: una collega due bracci adiacenti, mentre l'altra collega due bracci opposti.

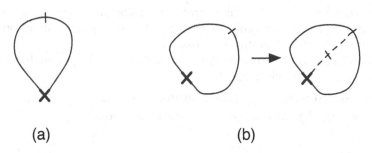

(a)   (b)

▲ **Figura 20.1** Due aperture possibili se si parte con una sola croce

Vediamo che nel primo caso (collegamento di bracci adiacenti) si crea subito un braccio libero ma inutilizzabile perché imprigionato dentro la curva creatasi, mentre nell'altro caso si crea comunque una situazione (una curva con due bracci liberi al suo interno) che rende possibile una mossa la quale condurrà a sua volta a due bracci imprigionati.

20.1 Finito... o no?

All'inizio della partita, quando sul piano di gioco ci sono solo le croci, non c'è nessuna regione chiusa ma solo una grande regione illimitata. Man mano che si gioca può però capitare che alcune mosse abbiano come effetto, tra l'altro, di dividere una delle regioni preesistenti e creare una nuova regione chiusa. L'arco tracciato in una di queste mosse 'critiche' fa parte del bordo della regione creata, e quindi il trattino trasversale si troverà per metà dentro e per metà fuori dalla nuova regione. Questo ci porta alla seguente:

Osservazione 20.1 Ogni regione contiene (almeno) un braccio libero.

All'inizio c'è una sola, grande regione, che verrà poi suddivisa, e almeno quattro bracci liberi. Dunque possiamo concludere (con una facile dimostrazione per induzione) che:

Osservazione 20.2 Durante il gioco il numero delle regioni non supera mai il numero dei bracci liberi.

Sembra una cosa da nulla, e invece queste innocenti osservazioni (che, sempre 'innocentemente', si basano sul teorema della curva di Jordan...) ci dicono già

Delucchi E., Gaiffi G., Pernazza L.: Giochi e percorsi matematici
DOI 10.1007/978-88-470-2616-2_20, © Springer-Verlag Italia 2012

molto. Possiamo dedurre infatti che se nel gioco si vengono a creare esattamente tante regioni quanti sono i bracci liberi la partita finisce - perché ogni braccio libero sarà in una regione diversa.

Sappiamo già che il numero di bracci liberi è costante: conviene dunque tener conto del numero di regioni che si formano nel corso di una partita.

Osserviamo il disegno ottenuto dopo, diciamo, m mosse in una partita con n croci iniziali. Se ci interessa contare le regioni, per un attimo possiamo dimenticarci dei bracci liberi, e quindi notare che siamo di fronte ad un diagramma composto da segmenti di arco che si congiungono in certi punti. Contare il numero di regioni non è così semplice, ma possiamo ricorrere ad una strategia che ci ha già tratto d'impaccio altre volte: cerchiamo di 'domare' la situazione cercando un *invariante*, per esempio una quantità che coinvolga il numero di regioni e che cambi in modo controllato ad ogni mossa.

Una mossa consiste nel congiungere due punti con un arco, e quindi si possono presentare due casi (vedi Fig. 20.2):

(a) il nuovo arco congiunge due 'isole' altrimenti sconnesse;

(b) il nuovo arco ha ambedue gli estremi sulla stessa isola.

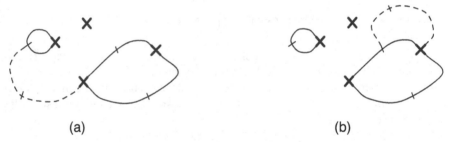

(a)   (b)

▲ **Figura 20.2** Illustrazione dei due possibili tipi di mossa

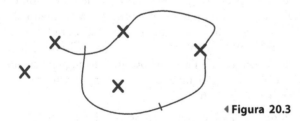

◀ **Figura 20.3**

Si noti che le 'isole' possono essere anche 'atolli', come si vede in Fig. 20.3.

Un modo più preciso di descrivere le due situazioni è dividere i casi a seconda che, prima di fare la mossa, si possa già passare da uno all'altro dei due punti che serviranno da estremi dell'arco percorrendo solo tratti di penna già tracciati. La formalizzazione di questa definizione richiama il concetto di connessione per grafi discusso nel 'primo piano' del Capitolo 5.

Esaminando le due possibilità, ci accorgiamo che solo nel caso (b) si viene a dividere una delle precedenti regioni, creando una nuova regione chiusa. Nell'altro caso, non succede nulla...

... o sì? In effetti nel caso (a) il numero delle regioni non cambia, ma cambia quello delle isole - che nel caso (b) resta immutato! Quindi: o cresce il numero delle regioni o diminuisce il numero delle isole (e delle due una accade sempre), ma i due numeri non cambiano mai tutti e due contemporaneamente.

Se scriviamo r per il numero di regioni e i per il numero delle isole, possiamo riassumere quanto detto affermando che la quantità

$$r - i$$

cresce esattamente di uno ad ogni mossa. Infatti, se si tratta di una mossa di tipo (a) il valore di i diminuirà di uno, facendo aumentare $-i$, mentre in una mossa di tipo (b) una delle regioni precedenti verrà divisa, e quindi sarà il numero di regioni r ad aumentare di uno.

Quando il gioco comincia, il diagramma è composto da n croci - ovvero n 'mini-isole' immerse in una grande, illimitata regione. Quindi, all'inizio, $r - i = 1-n$. Abbiamo detto che ad ogni mossa la quantità $r-i$ cresce di uno; ne ricaviamo che, dopo m mosse, vale:

$$r - i = 1 - n + m. \tag{20.1}$$

Osservazione 20.3 Questa equazione rappresenta un invariante nel senso del Capitolo 11 perché, riscritta, dice che la quantità $r - i + n - m$ è *invariante* rispetto alle mosse - infatti è sempre uguale a 1.

La piccola equazione (20.1) è in realtà un grande passo avanti! Abbiamo ora una relazione che parla del numero delle mosse e lo esprime in termini del numero di regioni e di isole, dei quali abbiamo già detto qualcosa. In particolare, sappiamo che di isole ce n'è sempre almeno una e che il numero di regioni non supera mai il numero dei bracci liberi. Inoltre, una delle prime cose che abbiamo notato è che il numero di bracci liberi non cambia durante il gioco: è sempre $4n$, dove n è il numero di croci con cui il gioco comincia. Ovvero:

$$i \geq 1, \qquad r \leq 4n.$$

Abbiamo tutto quanto serve: possiamo stimare che

$$r - i \leq 4n - 1$$

e usare l'espressione precedente per $r - i$, ottenendo $4n - 1 \geq r - i = 1 - n + m$. Questo ci offre dunque una interessante (e per certi versi sorprendente) stima del numero delle mosse:

$$m \leq 5n - 2.$$

Siccome n è un dato iniziale intrinseco al gioco, abbiamo ottenuto un primo importante teorema sui Cavoletti di Bruxelles.

Teorema 20.4 *Il gioco Cavoletti di Bruxelles con n croci iniziali finisce in meno di 5n − 2 mosse, indipendentemente dalle scelte dei giocatori.*

In particolare, abbiamo risposto alla Domanda 19.1: il gioco è finito! E lo è nella interpretazione più forte possibile, ossia la finitezza non dipende dalle strategie dei giocatori. Quindi possiamo subito dedurre il:

Corollario 20.5 *Il gioco Cavoletti di Bruxelles non ammette patta (qualunque sia il numero di croci iniziali e la loro disposizione nel piano).*

20.2 Strategia... o no?

Una volta stabilito che il gioco Cavoletti di Bruxelles termina entro un numero finito di mosse possiamo chiederci se qualcuno dei giocatori abbia una strategia per 'mettere all'angolo' l'avversario costringendolo a non poter più muovere.

Consideriamo il caso con due croci iniziali ($n = 2$). Dopo pochi esempi, concludiamo che ogni possibile partita finisce nello stesso numero di mosse, esattamente 8. Ma $n = 2$ potrebbe essere un caso troppo semplice.

Il caso $n = 3$ è già piuttosto complicato da studiare, tuttavia, se proviamo a giocare due o tre partite, ci accorgiamo che terminano tutte in 13 mosse. A questo punto nasce un sospetto: vale forse che il numero di mosse è fisso e non dipende dalle scelte dei giocatori?

In effetti, ora che sappiamo che il gioco si conclude in un numero finito di mosse, possiamo riflettere sulle caratteristiche di una configurazione finale. Osserviamo che *solo ora* possiamo a buon diritto parlare di 'configurazione finale': siamo certi che una tale configurazione esiste realmente solo perché abbiamo già provato la finitezza del gioco.

Dall'Osservazione 20.1 sappiamo che - in tutte le configurazioni - ogni regione contiene almeno un braccio libero. Ora, tutte le volte che una regione contiene più di un braccio libero è sempre possibile fare un'ulteriore mossa, ovvero congiungere due dei bracci liberi all'interno della regione (anche qui il nostro discorso si basa essenzialmente sul teorema di Jordan[1]).

In particolare, se consideriamo la regione illimitata che circonda tutte le isole, vediamo che essa contiene almeno un braccio libero per ogni isola. Siccome anche questa regione, in una configurazione finale, deve contenere esattamente un braccio libero, concludiamo che ogni configurazione finale è formata da un'unica isola.

Osservazione 20.6 In ogni configurazione finale di una partita di Cavoletti di Bruxelles, ogni regione contiene esattamente un braccio libero. Inoltre, la configurazione consiste di una sola isola.

Con ciò otteniamo che in ogni configurazione finale di Cavoletti di Bruxelles con n croci iniziali

$$i = 1, \qquad r = 4n.$$

---

[1]Nel caso che i tratti di penna ammessi siano 'spezzate' ci basta la versione poligonale del teorema di Jordan. Del resto, si intuisce facilmente che imporre che i tratti di penna siano spezzate non modifica in nulla la sostanza del gioco.

Come sopra, usiamo la relazione (20.1) e sostituiamo quelli che ora sappiamo essere valori *esatti* per r e i in una configurazione finale:

$$m = r + n - i - 1 = 4n + n - 1 - 1 = 5n - 2.$$

Abbiamo dunque dimostrato il seguente

Teorema 20.7 *Ogni partita di Cavoletti di Bruxelles con n croci iniziali termina in esattamente 5n − 2 mosse.*

La risposta alla Domanda 19.4 sulle strategie è dunque che... non occorrono: se n è pari vince comunque il secondo giocatore, se n è dispari vince il primo.

20.3   Gioco combinatorio finito... o no?

Dal punto di vista pratico abbiamo scoperto tutto sul gioco Cavoletti di Bruxelles, ma restano alcune questioni ancora da esplorare, come ad esempio la Domanda 19.2 che chiede se questo sia o no un gioco combinatorio finito. Quasi tutte le condizioni della definizione sono soddisfatte. Una sola ci interpella, quella che chiede l'esistenza di un numero finito di configurazioni. Come abbiamo già osservato, se 'configurazione' vuol dire 'disegno che appare sul foglio dopo una mossa', la risposta è che le configurazioni sono infinite e dunque il gioco non è combinatorio finito.

Questa risposta da una parte è ineccepibile, dall'altra 'ci sta stretta'. Spieghiamo meglio: la nozione di gioco combinatorio finito ci ha permesso di individuare una classe di giochi che si prestano a varie riflessioni matematiche. In particolare, la caratteristica principale che ci interessava era l'esistenza di una strategia vincente per uno dei giocatori, accompagnata poi dalle due domande consuete: 'quale dei due giocatori possiede questa strategia?' e 'quale è esattamente la strategia?'.

Nel caso dei Cavoletti di Bruxelles abbiamo raggiunto tutti e tre questi obiettivi: si sa che esiste una strategia vincente, si sa chi la possiede (in dipendenza dal numero n, di croci iniziali) e si sa anche come tale giocatore può vincere (ossia sappiamo indicare le mosse che lo portano alla vittoria: in questo caso, qualunque successione di mosse).

Eppure il gioco non è combinatorio finito! La cosa può lasciare indifferenti ('in fondo che male c'è se altri giochi oltre ai combinatori finiti ammettono una strategia vincente ben individuabile?'), oppure può far affiorare un dubbio: allora forse è in un certo senso 'sbagliata' la definizione di gioco combinatorio finito? Sarà opportuno cambiarla con una che includa anche il caso dei Cavoletti di Bruxelles? Entrambi gli atteggiamenti sono ammissibili e rivelano sfumature diverse del 'gusto' matematico.

C'è poi una terza via, che coinvolge anche la Domanda 19.3 e che alcuni lettori 'irriducibili' tenteranno: far quadrare i conti, ossia dare per i Cavoletti di Bruxelles una definizione di configurazione tale che esista solo un numero finito di configurazioni. Come può essere possibile? Innanzitutto questi lettori avranno osservato che una deformazione sufficientemente 'piccola' di una delle linee tracciate non cambia certo la sostanza del gioco. Questo può portare a chiedersi se, più in generale, una deformazione continua del 'disegno del gioco' cambi o no la sostanza del gioco. Avrebbe senso dare una definizione di configurazione del tipo 'un disegno del gioco a meno di una deformazione continua'? Oppure, con più precisione, usando il linguaggio del Capitolo 16, 'un disegno del gioco a meno di un omeomorfismo dal piano in sé'? Quali dati permetterebbero di individuare una tale configurazione? Se bastasse, per individuarla, numerare le croci e i bracci (trovando un modo per numerare a priori anche i bracci e le croci che si formano durante la partita), indicare quali bracci vengono collegati fra loro e, nel caso si crei una regione chiusa, specificare quali croci stanno dentro e quali fuori (come al solito stiamo usando il teorema di Jordan...), forse allora le configurazioni sarebbero finite? Lasciamo aperta per il lettore questa interessante domanda... nella fiducia che stimoli la curiosità e l'interesse di qualche irriducibile.

20.4 Oltre le verdure, fino alla formula di Eulero

Abbiamo visto come la chiave di volta di tutte le considerazioni sui Cavoletti di Bruxelles sia la piccola equazione (20.1):

$$r - i = 1 - n + m.$$

Rileggiamola ora, a 'bocce ferme'. Osserviamo che la parte sinistra esprime un fatto in qualche modo intrinseco a un certo diagramma di punti e archi sul foglio, mentre la parte destra, con m e n, si riferisce allo svolgimento della particolare partita che stiamo giocando. C'è qualcosa di insoddisfacente in tutto questo: sarebbe più 'giusto' (o, come si dice in matematica, più *naturale*) avere una relazione che abbia anche a destra delle quantità che si possono 'leggere' direttamente dal diagramma, senza conoscere la storia del gioco.

La ricerca di questa *naturalezza* è tipica dell'agire matematico; affidiamoci a questa intuizione e vediamo se ci conduce ad una equazione più soddisfacente.

Cosa possiamo leggere immediatamente da un diagramma, anche se non conosciamo il gioco? Oltre al numero delle regioni e a quello delle isole, possiamo sicuramente individuare il numero di segmenti s e il numero di punti di incrocio p. Alcuni di questi punti sono i centri delle croci iniziali, altri si sono venuti a formare tramite i trattini trasversali che si tracciano ad ogni mossa. Inoltre i segmenti di arco che vediamo sono più del numero m di mosse fin qui eseguite - in effetti ogni arco disegnato in una mossa è suddiviso in due segmenti dal punto di incrocio determinato dal trattino trasversale. In altre parole, ogni mossa crea due segmenti e un nuovo punto. Quindi, dopo m mosse di una partita con n croci iniziali abbiamo

$$p = n + m, \qquad s = 2m.$$

Dunque possiamo scrivere

$$s - p = -n + m,$$

e se confrontiamo l'espressione in (20.1) per $r - i$ e quella sopra per $s - p$, abbiamo

$$r - i = 1 + s - p,$$

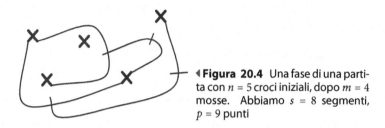

◀ **Figura 20.4** Una fase di una partita con $n = 5$ croci iniziali, dopo $m = 4$ mosse. Abbiamo $s = 8$ segmenti, $p = 9$ punti

ovvero

$$p - s + r = 1 + i. \qquad (20.2)$$

Quindi, dato un diagramma del gioco, vale sempre che il numero dei punti meno quello dei segmenti più quello delle regioni è uguale a 1 più il numero delle isole (che sono le componenti connesse). Questa relazione, molto famosa, tornerà in scena nei prossimi 'primi piani' su grafi planari e poliedri. Anticipiamo subito che è associata al nome di Eulero che l'aveva pubblicata già nel 1758 in [21].

Capitolo 21
Variazioni sul tema

Il gioco dei Cavoletti di Bruxelles si presta a tante variazioni. In effetti, come abbiamo già anticipato, Cavoletti di Bruxelles (in inglese *Brussels sprouts*) è già presentato di solito come variante di un altro gioco dovuto a Conway e Paterson, il gioco dei *Germogli* (in inglese *Sprouts*).

21.1 Germogli

Una partita di Germogli comincia con un foglio sul quale è disegnato un certo numero di punti[1]. Ogni mossa consiste nel collegare due punti con un arco continuo (i due punti possono anche essere lo stesso, ossia sono ammessi 'lacci' che partono da un punto e vi ritornano), e nel disegnare un nuovo punto lungo il nuovo arco. La regola è che gli archi tracciati non devono mai intersecarsi, e che da nessun punto, a nessuno stadio del gioco, possono uscire più di tre archi (vedi Fig. 21.1 e 21.2). Vince, come nei Cavoletti di Bruxelles, il giocatore che fa l'ultima mossa possibile.

La sostituzione degli incroci presenti nei Cavoletti di Bruxelles con dei 'tripodi' ha anche come conseguenza che quando si mette un nuovo punto lungo un arco

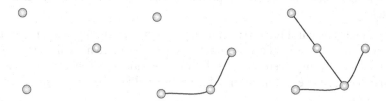

▲ **Figura 21.1** La configurazione iniziale e le prime due mosse di una partita a Germogli

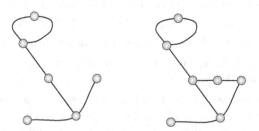

▲ **Figura 21.2** La terza e la quarta mossa della partita: osserviamo che nella terza mossa il giocatore disegna un laccio che parte da un vertice e vi ritorna

---

[1]E potrebbe finire. . . con una partita di pallacanestro, vedi l'immagine di copertina!

Delucchi E., Gaiffi G., Pernazza L.: Giochi e percorsi matematici
DOI 10.1007/978-88-470-2616-2_21, © Springer-Verlag Italia 2012

non si sa 'da che parte arriverà' il terzo arco. Queste differenze bastano per dare al gioco caratteristiche nuove che meritano un'analisi ad hoc.

Teorema 21.1 *Il gioco Germogli termina in un numero finito di mosse, indipendentemente dalle scelte dei giocatori.*

Dimostrazione. Supponiamo che il gioco cominci con n punti. Dopo m mosse, sul foglio saranno disegnati un totale di $n + m$ punti, e alcuni di essi saranno collegati da uno di $2m$ archi (ogni mossa crea due archi, perché il tratto di penna è diviso dal nuovo punto).

Ora, ogni punto può essere estremo al massimo di tre archi.[2] Dopo m mosse quindi ci sono $3(n + m)$ 'approdi' dove arrivano o possono arrivare gli estremi degli archi. Ma i $2m$ archi presenti utilizzano $2(2m)$ di questi approdi, siccome ogni arco ha due estremi. Quindi

$$2(2m) \leq 3(m + n),$$

e dunque il numero delle mosse di una partita deve soddisfare

$$m \leq 3n.$$

$\square$

Esercizio 21.2 Sorprende che per mostrare la finitezza di un gioco così poco diverso dai Cavoletti di Bruxelles basti un'argomento tanto più breve. Sapreste dire *perché* la dimostrazione che si applica ai Germogli non vale per i Cavoletti di Bruxelles?

Lo slancio con cui abbiamo superato il problema della finitezza è però destinato ad esaurirsi ben presto: infatti Germogli non ha un numero fisso di mosse per partita. Possiamo accorgercene anche solo considerando il semplice caso $n = 2$. I disegni delle Fig. 21.3 e 21.4 mostrano due partite di diversa durata, rispettivamente 4 e 5 mosse.

Il caso appena illustrato è significativo: si può infatti dimostrare (vedi per esempio [12]) che, in generale, per quel che riguarda il numero m di mosse che occorrono per terminare una partita con n punti iniziali, vale $2n \leq m \leq 3n - 1$. Per la seconda disuguaglianza basta migliorare di poco la stima già in nostro possesso:

Esercizio 21.3 Migliorare la stima apparsa nella dimostrazione del Teorema 21.1.

Suggerimento. Individuare, data la configurazione finale di una partita, un punto su cui arrivano solo due archi...

Questa volta, sebbene il fatto che il gioco termini obbligatoriamente in un numero finito di mosse ci assicuri che c'è sempre un vincitore, il problema della strategia è in generale ancora irrisolto (questo, naturalmente, rende il gioco appassionante).

---

[2] Stiamo cioè immaginando che da ogni vertice escano - o siano comunque pronti a 'germogliare' - tre archi.

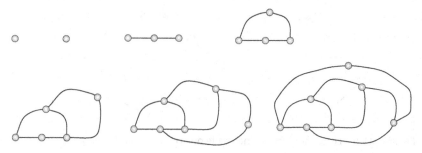

▲ **Figura 21.3** Una partita lunga 5 mosse con due punti iniziali: vince il primo giocatore

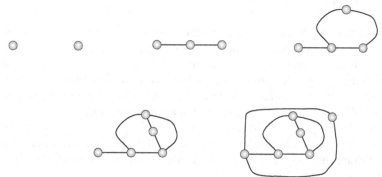

▲ **Figura 21.4** Una partita lunga 4 mosse con due punti iniziali: vince il secondo giocatore

A nostra conoscenza, finora sono stati esaminati con il computer tutti i casi fino a $n = 32$, con il seguente risultato: per $n = 3, 4, 5, 9, 10, 11, 15, 16, 17, 21, 22, 23, 27, 28, 29$ il primo giocatore ha una strategia vincente. La congettura nata di conseguenza è che il primo giocatore possa avere una strategia vincente se e solo se si parte con un numero n di punti il cui resto nella divisione per 6 è 3, 4, oppure 5. Per approfondire, rimandiamo il lettore interessato a [3], [5], [12], [35]. Proponiamo intanto una sfida più alla portata:

Esercizio 21.4 Dimostrare che per $n = 1$ e $n = 2$ il secondo giocatore ha una strategia vincente.

Vorremmo infine dare spazio a una domanda che ci interpella ancora a riguardo della definizione 'giusta' di configurazione per un gioco topologico di questo tipo.

Esercizio 21.5 La Fig. 21.5 mostra i disegni finali delle due possibili partite con $n = 1$. A parere del lettore, sono da ritenersi 'diverse' o si tratta della 'stessa' partita?

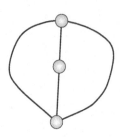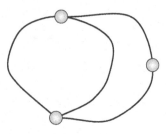

▲ **Figura 21.5** Le configurazioni finali delle due possibili partite con $n = 1$

21.2 Stelline

L'altra variazione di Cavoletti di Bruxelles che vogliamo presentare consiste nel variare il numero di 'bracci' delle croci, e sopprimere l'aggiunta del trattino nel mezzo dell'arco tracciato durante una mossa. Questo gioco, che chiamiamo *Stelline*, è dunque descritto come segue. Si parte con un certo numero n di stelline sul foglio, e ogni stellina ha un certo numero di 'raggi' , numero che può variare da una stellina all'altra. Ad ogni mossa il giocatore di turno collega con un tratto di penna due raggi ancora liberi, con la regola che ogni nuova traccia non può passare sopra ad una traccia già presente; è importante specificare che è possibile collegare due raggi che escono dalla stessa stellina. Perde chi non può più muovere.

Il fatto che il gioco delle stelline termini obbligatoriamente in un numero finito di mosse è piuttosto facile da dimostrare. Insomma: man mano che si aggiungono archi, il numero dei raggi disponibili per 'approdare' diminuisce sempre.

Esercizio 21.6 Provare il gioco nel caso con due stelline iniziali con 6 e 4 raggi. Si può dire qualcosa nel caso generale in cui le due stelline abbiano n e m raggi?

Esercizio 21.7 Provare il gioco nel caso con tre stelline iniziali, disposte ai vertici di un triangolo, con 4 raggi ognuna.

Esercizio 21.8 Consideriamo il caso speciale in cui tutte le n stelline hanno esattamente due raggi (questo gioco viene chiamato *Jocasta* in [5], Volume 4). Individuare una strategia vincente (quante mosse dura il gioco?).

Esercizio 21.9 Dimostrare che nel gioco Stelline esiste una strategia vincente per uno dei giocatori.

In generale, anche per il gioco Stelline le domande cruciali restano aperte: quale giocatore ha una strategia vincente e qual è questa strategia? Una interessante analisi di questo gioco si può trovare in [36].

Capitolo 22
In primo piano: grafi planari

I disegni che si creano giocando a Cavoletti di Bruxelles o a Germogli ricordano molto quelli che abbiamo usato per rappresentare i grafi nel Capitolo 5. In effetti, per esempio, al disegno che si crea dopo una mossa di Cavoletti di Bruxelles possiamo associare un grafo i cui vertici corrispondono alle croci e in cui due vertici sono adiacenti se e solo se le croci corrispondenti sono collegate da un arco. Ma in questo passaggio si perdono alcune informazioni importanti per il gioco: il disegno infatti ci dice anche 'dove passano gli archi'.

Questa osservazione pone alla nostra attenzione il seguente problema: dato un certo grafo G, quali sono i modi possibili per rappresentarlo su un foglio di carta?

22.1 Grafi planari

Tutti i disegni che abbiamo usato finora per rappresentare i grafi hanno tacitamente seguito la definizione che formuliamo di seguito. Per la terminologia e la notazione della prossima definizione e del resto di questo primo piano rimandiamo al Paragrafo 5.1.

Definizione 22.1 Dato un grafo $G = (\mathcal{V}, \mathcal{E})$, un *disegno* di G nel piano consiste di una funzione φ che associa ad ogni vertice $v \in \mathcal{V}$ un punto $\varphi(v)$ nel piano, e ad ogni arco $e \in \mathcal{E}$ una curva[1] $\varphi(e)$ nel piano con la seguente proprietà: $\varphi(e)$ ha come estremi le immagini degli elementi di $t(e)$ e non contiene nessun altro dei punti $\varphi(w)$ (dove $w \in \mathcal{V}$).

Richiediamo inoltre che a vertici distinti di G corrispondano punti distinti del piano.

La Fig. 22.1 ripropone tre disegni già apparsi nel Paragrafo 5.1: osservandoli possiamo convincerci del fatto che alcuni modi di disegnare un grafo aiutano più

▲ **Figura 22.1** Tre disegni diversi dello stesso grafo

---

[1]Qui e nel seguito non faremo distinzione fra una curva e il suo sostegno (vedi il Paragrafo 16.5).

Delucchi E., Gaiffi G., Pernazza L.: Giochi e percorsi matematici
DOI 10.1007/978-88-470-2616-2_22, © Springer-Verlag Italia 2012

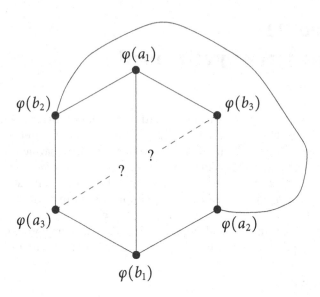

di altri a comprenderne la struttura. In particolare, un buon criterio sembra essere quello di cercare di disegnare il grafo in modo che le linee che rappresentano gli archi si intersechino solo nei punti che rappresentano vertici comuni, e che tali linee non si autointersechino.

Definizione 22.2 Un grafo $G = (\mathcal{V}, \mathcal{E})$ è detto *planare* se esiste un disegno di G tale che tutte le curve $\varphi(e)$ siano semplici[2] e che due curve corrispondenti a due archi diversi di G si intersechino al più nei loro estremi. Un tale disegno è detto, per analogia, planare.

Esempio 22.3 Il grafo di Fig. 22.1 è chiaramente planare: il disegno al centro e quello a destra lo dimostrano.

Esempio 22.4 Consideriamo il grafo bipartito completo $K_{3,3}$ (vedi Definizione 5.19), e chiamiamo $a_1, a_2, a_3, b_1, b_2, b_3$ i suoi vertici in modo che esista un arco $\{a_i, b_j\}$ per ogni i, j, ma che non vi sia nessun arco tra gli a_i o tra i b_j. Ora consideriamo il ciclo $a_1, b_3, a_2, b_1, a_3, b_2, a_1$, che in un ipotetico disegno planare di $K_{3,3}$ determina una curva chiusa (vedi Fig. 22.2). Una volta disegnata questa curva, per completare il disegno di $K_{3,3}$ mancano ancora le curve associate a tre archi: gli archi e_1, e_2, e_3 con estremi rispettivamente $\{a_1, b_1\}$, $\{a_2, b_2\}$, $\{a_3, b_3\}$. Consideriamo prima e_1: secondo il teorema di Jordan, $\varphi(e_1)$ può passare o all'esterno o all'interno della curva già disegnata. Se, poniamo, passa all'interno, allora la curva $\varphi(e_2)$ dovrà passare all'esterno per evitare di intersecare

---

[2] Anche questa definizione è stata data al Paragrafo 16.5.

$\varphi(e_1)$ (sempre per il teorema di Jordan). A questo punto si vede che i due punti tra i quali dovremmo tracciare l'ultima curva, $\varphi(a_3)$ e $\varphi(b_3)$, sono in due parti diverse della suddivisione del piano determinata dalla curva associata al ciclo a_2, b_1, a_1, b_2, a_2. Quindi, ancora per il teorema di Jordan, è impossibile connetterli senza intersecare tale curva in qualche punto, facendo venir meno la planarità del disegno.

Abbiamo quindi appena mostrato che $K_{3,3}$ *non è planare*.

Nell'esempio precedente il grafo $K_{3,3}$ sembra avere 'un arco di troppo' per essere planare. Questa idea che un grafo planare non possa avere 'troppi' archi rispetto al suo numero di vertici in effetti è valida, ma per renderla precisa dobbiamo tornare a considerare l'idea centrale nella nostra analisi di Cavoletti di Bruxelles, ossia la relazione decisiva (20.2) del Paragrafo 20.4, associata come detto al nome di Eulero (di cui, quando si parla di grafi e topologia, sembra proprio che non si possa fare a meno).

22.2 La formula di Eulero

Dalle definizioni che abbiamo dato si vede che, in ogni disegno di un grafo, un ciclo è rappresentato da una curva chiusa. Se il disegno è planare, tale curva è anche semplice, e quindi ad essa si applica il teorema di Jordan.

In particolare, dato un grafo G e un suo disegno planare φ, il teorema di Jordan ci assicura che $\varphi(G)$ suddivide il piano in una regione illimitata 'fuori da ogni ciclo' e, se del caso, un certo numero di regioni delimitate dal disegno di alcuni cicli di G.

D'ora in avanti, una volta fissato il grafo G e un suo disegno planare, per semplicità di linguaggio non distingueremo più tra cammini, circuiti, cicli e il loro disegno sul piano. Diciamo quindi che il piano è suddiviso dal grafo planare G in un certo numero di regioni; una di esse è la regione illimitata, mentre le altre sono limitate da cicli di G. Ad esempio, se G è una foresta, non esistono cicli e quindi abbiamo solo una regione: quella illimitata.

Teorema 22.5 (Formula di Eulero per i grafi planari) *Dato un disegno planare di un grafo $G = (\mathcal{V}, \mathcal{E})$, sia r il numero delle regioni in cui esso suddivide il piano, $p = |\mathcal{V}|$ il numero di vertici di G, $s = |\mathcal{E}|$ il numero dei suoi archi e c il numero di componenti connesse. Allora*

$$p - s + r = 1 + c.$$

Dimostrazione. La strategia della dimostrazione segue quella che abbiamo usato per analizzare Cavoletti di Bruxelles. Formalmente, faremo una dimostrazione per induzione sul numero di archi.

Passo base: il grafo non ha archi. Ogni grafo senza archi ha tante componenti connesse quanti vertici: quindi $p = c$ e ogni suo disegno ha $s = 0$, $r = 1$ (ovvero, c'è solo la regione illimitata). L'identità da dimostrare è in questo caso rapidamente verificata.

Passo induttivo. Supponiamo che il teorema valga per tutti i grafi con meno di m archi ($m \geq 1$), e consideriamo un grafo $G = (\mathcal{V}, \mathcal{E})$ con esattamente m archi, cioè tale che $s = m$.

(1) Se G contiene un ciclo, scegliamo a piacere un arco a di quel ciclo. Il grafo $G' := (\mathcal{V}, \mathcal{E} \setminus \{a\})$ ha lo stesso numero di componenti connesse di G (perché?), e un suo disegno planare si può ottenere da un disegno planare di G rimuovendo l'arco a. Siano quindi p, s, r, c le quantità di vertici, archi, facce e componenti di G, e siano p', s', r', c' le corrispondenti quantità per G'. Per costruzione abbiamo che

$$p' = p, \quad s' = s - 1, \quad r' = r - 1, \quad c = c'$$

dove la penultima uguaglianza vale perché cancellando un arco di un ciclo abbiamo 'fuso' due regioni che prima erano divise da a.

Per ipotesi induttiva, siccome $s' < m$ il grafo G' soddisfa il teorema, ovvero $1 + c' = p' - s' + r'$, dunque possiamo scrivere:

$$1 + c = 1 + c' = p' - s' + r' = p - (s - 1) + (r - 1) = p - s + r.$$

(2) Se invece il grafo G non contiene nessun ciclo, allora è una collezione di alberi (ovvero è una foresta). Visto che $m \geq 1$, almeno uno di questi alberi - chiamiamolo T - contiene un arco, quindi almeno due vertici. Ma l'Osservazione 5.14 ci assicura che in ogni albero con più di un vertice ci sono almeno due foglie (ovvero vertici di valenza 1). In questo caso definiamo $G' := (\mathcal{V} \setminus \{w\}, \mathcal{E} \setminus \{a\})$, dove w è uno dei vertici di valenza 1 e a è l'unico arco incidente a w. Rimuovendo w e a da T otteniamo un altro albero T', quindi il numero totale delle componenti di G non cambia: $c = c'$. Inoltre

$$p' = p - 1, \quad s' = s - 1, \quad r' = r$$

(in effetti r e r' sono entrambi uguali a 1 perché G e G' sono foreste) e dunque

$$1 + c = 1 + c' = p' - s' + r' = (p - 1) - (s - 1) + r = p - s + r$$

dove la seconda uguaglianza deriva dall'ipotesi induttiva applicata a G'.

$\square$

Osservazione 22.6 Il teorema dice in particolare che il numero r di facce di un disegno planare di un grafo *non dipende dal disegno*!

Siamo ora in grado di rendere precisa l'impressione avuta nell'Esempio 22.4. Il prossimo teorema dice proprio che, fissato il numero di vertici di un grafo semplice connesso, c'è un numero massimo di archi che tale grafo non può superare senza rinunciare alla planarità.

Teorema 22.7 *Sia G un grafo planare, semplice e connesso con n vertici e m archi. Se $n \geq 3$, allora vale*

$$m \leq 3n - 6.$$

Dimostrazione. Ogni disegno planare di un grafo G divide il piano in r regioni: chiamiamole $R_1, \ldots, R_r$. Per ogni i tra 1 e r sia b_i il numero di archi che sono nel bordo di R_i. Nella somma $M = b_1 + b_2 + \ldots + b_m$ un arco contribuisce 1 se non divide due regioni diverse, altrimenti contribuisce 2. In ogni caso,

$$M \leq 2m.$$

Inoltre ricordiamo l'Esercizio 5.8: poiché G è semplice e $n \geq 3$, ogni regione ha almeno tre vertici, e di conseguenza almeno tre archi, nel suo bordo. Dunque

$$3r \leq M.$$

Otteniamo

$$3r \leq 2m$$

e, visto che $n - m + r = 1 + 1$ per la formula di Eulero,

$$6 = 3n - 3m + 3r \leq 3n - 3m + 2m.$$

Da questo si ricava la disuguaglianza che era da dimostrare. $\square$

Notiamo che, sebbene abbiamo tratto ispirazione dalla considerazione del caso di $K_{3,3}$, questo teorema non ci dice nulla su $K_{3,3}$ stesso, che ha 6 vertici e 9 archi e soddisfa quindi $9 < 3 \cdot 6 - 6$. Il punto è che la disequazione del teorema deve essere soddisfatta da ogni grafo planare, ma *non è detto* che ogni grafo che soddisfa la disequazione debba essere planare!

Quello che si può concludere con il teorema è che se un grafo *non* soddisfa la disequazione, allora *non* può essere planare. Nel prossimo esempio trattiamo un caso del genere.

Esempio 22.8 Il grafo completo con 5 vertici, K_5, non può essere planare. Infatti ha 10 archi, mentre un grafo planare con 5 vertici, secondo il teorema precedente, non può avere più di $15 - 6 = 9$ archi. Lo stesso argomento si applica per mostrare che K_n non è planare per nessun $n \geq 5$. Per contro, è facile esibire disegni che mostrano la planarità dei grafi K_n con $n \leq 4$.

Gli esempi fatti non sono stati scelti a caso: in effetti K_5 e $K_{3,3}$ sono 'all'origine di ogni non-planarità'. Per poter esprimere esattamente questo concetto, dobbiamo introdurre una nuova nozione.

Guardiamo i due disegni di Fig. 22.3. Sono chiaramente disegni di grafi diversi, però la relazione tra i due è innegabile ed è sicuro che una modifica come quella che li differenzia non influenza la loro planarità. Diremo che il grafo a sinistra è ottenuto da quello a destra per *suddivisione* degli archi evidenziati con un tratto più marcato. Sappiamo però che ragionare esclusivamente in termini di disegni può essere ingannevole: diamo quindi una definizione più precisa di suddivisione.

Definizione 22.9 Consideriamo un grafo $G = (\mathcal{V}, \mathcal{E})$ ed uno dei suoi archi $e \in \mathcal{E}$ con estremi $v, w \in \mathcal{V}$. Una *suddivisione elementare* di G consiste nel 'togliere' l'arco e e sostituirlo con un percorso con estremi v e w. Formalmente, è l'operazione che trasforma G nel grafo $G' = (\mathcal{V}', \mathcal{E}')$ con

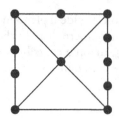 

▲ **Figura 22.3**

$$\mathcal{V}' = \mathcal{V} \cup \{v_1, v_2, \dots, v_n\} \text{ e } \mathcal{E}' = (\mathcal{E} \setminus e) \cup \{e_0, e_1, \dots, e_n\},$$

dove i v_i sono nuovi vertici tutti distinti fra loro e gli e_i sono nuovi archi con $t(e_0) = \{v, v_1\}$, $t(e_n) = \{v_n, w\}$, e $t(e_i) = \{v_i, v_{i+1}\}$ per ogni $i = 1, \dots, n-1$.

Dati due grafi G, H, diremo che H è una *suddivisione* di G se H è ottenuto da G tramite una sequenza di suddivisioni elementari.

Ecco ora, come ciliegina finale sulla torta, il teorema che spiega il ruolo primario svolto da K_5 e $K_{3,3}$ nella teoria dei grafi planari.

Teorema 22.10 (Kuratowski) *Un grafo G è planare se e solo se non contiene sottografi che sono una suddivisione di K_5 o $K_{3,3}$.*

La dimostrazione di questo teorema è complessa e non si presta ad essere sintetizzata qui. Il lettore interessato la potrà trovare spiegata in modo chiaro e completo nel manuale di Diestel [18]. Una dimostrazione alternativa è descritta nel testo di Bondy e Murty [7].

Capitolo 23
In primo piano: poligoni, poliedri, perplessità e topologia

La relazione di Eulero per i grafi (Teorema 22.5) è all'origine della famosa 'formula di Eulero per i poliedri'. Vorremmo rileggerla da questo punto di vista per valorizzarla pienamente, fino a presentarla come un *invariante topologico*. Abbiamo ritenuto opportuno utilizzare, per una prima introduzione a questi argomenti, un linguaggio meno rigoroso ma più immediato e intuitivo.

23.1 Cosa è un poliedro?

Nella comunità dei matematici non c'è accordo unanime su cosa considerare 'poliedro' e cosa no. Strano, poiché i poliedri sono oggetti a noi così familiari... o no? Siamo sicuri di conoscere bene qual è la definizione di poligono o di poliedro? Vediamo qualche esempio che può suscitare dei dubbi.

▲ **Figura 23.1** Una scatola piccola appoggiata su una faccia di una grande... il solido risultante è un poliedro?

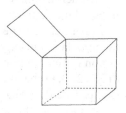

▲ **Figura 23.2** Una scatola aperta... è un poliedro?

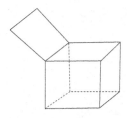

▲ **Figura 23.3** E se la scatola fosse chiusa, ma avesse una faccia in più?

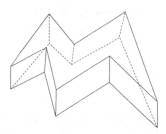

▲ **Figura 23.4** Questo 'pipistrello'... è un poliedro?

Delucchi E., Gaiffi G., Pernazza L.: Giochi e percorsi matematici
DOI 10.1007/978-88-470-2616-2_23, © Springer-Verlag Italia 2012

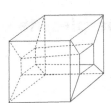

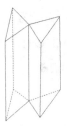

▲ **Figura 23.5** Un cubo bucato... è un poliedro?

▲ **Figura 23.6** Due prismi con uno spigolo in comune... è un poliedro?

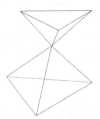

◀ **Figura 23.7** Due te-traedri con un vertice in comune... è un poliedro?

Notiamo che tutti questi solidi corrispondono alla prima (molto) approssimativa definizione di poliedro data da 'una figura dello spazio individuata da poligoni incollati lungo alcuni spigoli o vertici'.

Appare chiaro che questa definizione non è pienamente soddisfacente: per esempio la scatola aperta di Fig. 23.2 suscita molte perplessità, perché la scatola non è 'piena' e non c'è 'parte interna'; per quel che riguarda la scatola chiusa di Fig. 23.3, probabilmente pochissimi saranno disposti ad accettarla come poliedro, per via di quella faccia bidimensionale aggiuntiva. Una domanda ulteriore si insinua a questo punto: se vogliamo dire 'individuata' o anche 'delimitata' da poligoni, sarà bene chiarire cosa è un poligono... forse anche questo concetto così familiare si rivelerà insidioso?

Abbiamo già accennato, nel Paragrafo 14.3, che una definizione di poligono può essere 'regione (limitata) del piano delimitata da una curva poligonale'. Ma ripartiamo dall'inizio e lasciamo che gli esempi delle Fig. 23.8–23.12 mettano alla prova la nostra idea di poligono.

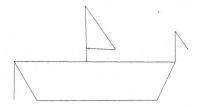

▲ **Figura 23.8** Montagne...

▲ **Figura 23.9** ...o mare?

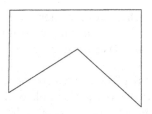

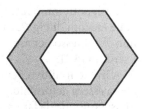

▲ **Figura 23.10** Una figura non convessa

▲ **Figura 23.11** La figura compresa fra i due esagoni è un poligono?

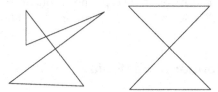

◀**Figura 23.12** Tre triangoli e una 'clessidra'

Quali fra queste figure accetteremo come poligoni? La catena montuosa la scartiamo subito, visto che non corrisponde all'idea di una figura 'delimitata'. La barchetta, per quanto possa attirare simpatie, si presta a varie critiche: alcuni dei segmenti hanno vertici 'liberi', ossia non in comune con altri segmenti, e la parte 'interna' è costituita da due regioni (lo scafo e la vela) ben separate l'una dall'altra.

La proposta della Fig. 23.10 è soddisfacente, pur trattandosi di una figura non convessa (ossia possiamo trovare due punti interni tali che il segmento che li congiunge non sia tutto interno alla figura).

Le proposte delle Fig. 23.11 e 23.12 invece non ci convincono pienamente come poligoni. Volendo, le potremmo accettare, ma non possiamo non accorgerci che differiscono per un punto fondamentale dai poligoni a noi più noti (i triangoli, i quadrati, i rettangoli, i parallelogrammi, i trapezi, i poligoni regolari...). Il contorno di questi ultimi, infatti, potrebbe essere deformato ad una circonferenza (immaginiamo come al solito che siano composti da un sottile filo 'elastico'). Usando il linguaggio del Capitolo 16, si può dire che tale contorno è omeomorfo ad una circonferenza[1]. Ciò non è invece possibile per gli oggetti geometrici che stiamo considerando. Ad esempio, prendiamo la Fig. 23.12. Potremmo deformare il contorno della 'clessidra' in due circonferenze che si toccano in un punto e il contorno della figura con tre triangoli potrebbe essere deformato in tre circonferenze, con un punto di contatto fra la prima e la seconda e un punto di contatto fra la seconda e la terza (vedi Fig. 18.5); ma nell'Esercizio 18.21 abbiamo visto che queste figure non sono omeomorfe ad una circonferenza.

---

[1]In questo paragrafo, anche se non lo specificheremo ogni volta, useremo la parola 'deformazione' intendendo 'omeomorfismo'.

Così, potremmo facilmente deformare il contorno della 'corona' contenuta fra i due esagoni di Fig. 23.11 nel contorno di una corona circolare, ma tale contorno non è connesso per archi e dunque non è omeomorfo ad una circonferenza (vedi Esercizio 16.21).

A livello intuitivo, sembra che questa condizione (ossia il fatto che il contorno possa essere deformato ad una circonferenza) sia fondamentale per un poligono: è così profonda da far passare in secondo piano, per esempio, la convessità. A dire il vero, la proprietà di essere convesso o no perde addirittura significato una volta che siamo entrati nell'idea di considerare uguali due figure omeomorfe.

Siamo giunti ad un punto cruciale: nascosta nella geometria dei poliedri e dei poligoni, fra spigoli, segmenti, lati, misure, angoli e angoli diedri, c'è un'altra geometria, quella in cui le figure 'si possono deformare', che fa capolino già quando si considerano attentamente le definizioni di base. La topologia è proprio lo studio di questa geometria 'profonda'.

23.2 Verso la geometria delle forme: la topologia

La discussione precedente motiva la definizione di (poligono e) poliedro che useremo qui:

Definizione 23.1 Un poligono è una regione (limitata) del piano delimitata da un numero finito di segmenti attaccati agli estremi con la condizione che l'unione di questi segmenti può essere deformata (ossia, è omeomorfa) ad una circonferenza.

Un poliedro è una regione (limitata) dello spazio delimitata da un numero finito di poligoni (chiamati *facce*), disposti in modo che

- ogni lato di una faccia coincida con un lato di esattamente un'altra faccia (i lati delle facce sono detti anche lati o *spigoli* del poliedro);
- l'unione delle facce può essere deformata (ossia, è omeomorfa) ad una sfera.

Come detto, questa è una delle tante definizioni possibili, e sta a metà tra la più restrittiva, adottata da Eulero, che definisce un poliedro come una regione dello spazio delimitata da un numero finito di piani (e quindi identifica i poliedri con quelli che oggi chiamiamo *politopi convessi*), e una molto 'permissiva' che fa coincidere il concetto di poliedro con quello di *complesso poliedrale* - ovvero ogni 'assemblamento' di elementi base, ognuno dei quali è un poliedro. Anche sulla definizione che abbiamo dato resterebbero alcune precisazioni da fare (per esempio, l'espressione 'solido delimitato da' presuppone che l'unione delle facce divida lo spazio in una parte interna e una esterna...però questo è vero per ogni superficie omeomorfa ad una sfera, come abbiamo accennato nel Paragrafo 17.1.), ma ci accontentiamo dei passi fatti fin qui.

Esercizio 23.2 Dimostrare che la definizione di poligono appena data coincide con la definizione 'regione (limitata) del piano delimitata da una curva poligonale' che abbiamo annunciato nel Paragrafo 14.3.

Esercizio 23.3 Come esercizio di approfondimento vi invitiamo leggere le illuminanti discussioni sui poliedri contenute nel Capitolo 3 di [14], in [1] e in [34].

Armati della nostra nuova definizione possiamo ora formulare il teorema di Eulero nella versione per poliedri.

Teorema 23.4 *Dato un poliedro P, sia V il numero dei suoi vertici, L il numero dei suoi lati e F il numero delle sue facce. Allora*

$$V - L + F = 2.$$

Sappiamo che, per definizione, l'unione delle facce di P può essere deformata ad una sfera. Eseguiamo la deformazione, e consideriamo il diagramma formato dai vertici e dai lati di P sulla sfera, dopo la deformazione. Consideriamo un punto Q della sfera che non appartiene né ad un lato né ad un vertice. Possiamo 'bucare' la sfera in quel punto e, immaginando che sia fatta di una pellicola elastica, 'spalmarla' sul piano[2]. Abbiamo dunque un diagramma sul piano, fatto di vertici collegati da linee continue. È il disegno di un grafo, che chiameremo G_P, che è lo 'scheletro di un poliedro' (vedi Esempio 5.4 e relativa figura), e ha due caratteristiche importanti: è planare e connesso.

Esercizio 23.5 Mostrare che per ogni poliedro P il grafo G_P è planare e connesso.

Abbiamo ora tutti gli ingredienti per poter dimostrare il Teorema 23.4.
Dimostrazione. Dato un poliedro P come nell'ipotesi, consideriamo il grafo G_P. Questo grafo ha lo stesso numero V di vertici di P e ha tanti archi quanti sono i lati di P, ovvero L. Inoltre, ogni regione del disegno planare di G_P corrisponde ad una faccia di P, compresa la regione illimitata, che corrisponde alla faccia che abbiamo 'bucato'. Quindi il numero di regioni del piano determinate dal disegno di G_P è F. Siccome G_P è connesso, possiamo applicare il Teorema 22.5 di Eulero per i grafi con $p = V$, $s = L$, $r = F$ e $c = 1$. Otteniamo

$$V - L + F = 1 + 1 = 2.$$
□

I prossimi tre esercizi riguardano alcune applicazioni della formula di Eulero (chi vuole potrà confrontare le proprie soluzioni con quelle dell'Appendice B).

Esercizio 23.6 Dimostrare, usando la formula di Eulero, che esistono solo 5 poliedri regolari: il tetraedro, il cubo, l'ottaedro, il dodecaedro e l'icosaedro.

Esercizio 23.7 (La formula di Eulero e la chimica) Il carbonio si presenta in natura sotto varie forme (allotropi). I più conosciuti sono il diamante e la grafite. Nella grafite, gli atomi di carbonio sono disposti a strati, e ogni strato ha una struttura a esagoni. Ma un altro (meno noto) allotropo del carbonio è il fullerene[3] che ha una forma quasi sferica. È possibile ottenere il fullerene a partire da strutture esagonali come quelle della grafite? In altri termini: è possibile 'pavimentare' una

---

[2]Questo può essere ottenuto con la *proiezione stereografica*: si appoggia la sfera sul piano cartesiano, in modo che il punto antipodale a quello tolto Q tocchi l'origine. Dopodiché si considera per ogni punto T della sfera bucata la retta r_T passante per questo punto e Q. La proiezione della sfera bucata sul piano è ottenuta associando ad ogni punto T il punto di intersezione fra r_T e il piano. Si tratta di un omeomorfismo fra la sfera senza il punto Q e il piano.

[3]Molecola così denominata in onore dell'architetto Richard Buckminster Fuller, le cui 'cupole geodetiche' sono sostenute da un'intelaiatura con una forma che ricorda la struttura di questo allotropo.

sfera usando solo 'mattonelle esagonali' in modo che in ogni vertice si incontrino almeno tre mattonelle? Se pensate di sì provate con un palloncino ed un pennarello a costruire una simile pavimentazione. Se pensate di no... dovete motivare la risposta con una dimostrazione!

Esercizio 23.8 (La formula di Eulero e il gioco del calcio) Guardate un pallone da calcio (Fig. 23.13, se non ne avete uno ancora più a portata...): in quante parti è divisa la sua superficie? Di che forma sono? Dimostrare che, se si vuole pavimentare una sfera usando solo 'mattonelle' a forma di esagoni e pentagoni, tali che in ogni vertice si incontrino almeno tre mattonelle, i pentagoni devono essere almeno 12.

▲ **Figura 23.13** Quanti esagoni e quanti pentagoni sono cuciti sulla superficie?

I due esercizi precedenti sono in realtà molto legati fra loro: hanno infatti in comune essenzialmente lo stesso oggetto, tanto che inizialmente il fullerene veniva chiamata *soccerene*, dalla parola inglese *soccer*, ovvero 'calcio'.

Hanno in comune ovviamente anche la formula di Eulero, che entra in gioco con naturalezza nella loro risoluzione, pur essendo un po' cambiato il contesto di applicazione. Le domande riguardano infatti, più che i poliedri, certe 'pavimentazioni'[4] della sfera fatte con 'mattonelle' che sono poligoni deformati.

Del resto il ragionamento della dimostrazione della formula di Eulero per i poliedri si può applicare anche a pavimentazioni della sfera. Il primo passaggio, quello che consiste nel bucare una faccia e spalmare la superficie su un piano, funziona ugualmente bene, e da quel momento in poi, avendo effettuato una deformazione, non ha più importanza ricordare se all'origine eravamo partiti da un poliedro o da una pavimentazione disegnata sulla sfera.

Questa osservazione ci chiama ad un approfondimento di natura topologica: la formula di Eulero non individua dunque solo una proprietà dei poliedri, ma anche della sfera. La formula mette in luce infatti che *comunque disegniamo sulla*

---

[4]Non daremo qui la definizione precisa di pavimentazione (provi il lettore... magari consultando l'Esercizio 24.10). I discorsi che seguono si collocano dunque più sul piano intuitivo che su quello formale.

sfera una pavimentazione, le cui regioni sono poligoni deformati, la somma V−L+F, riferita alla pavimentazione, fa sempre 2.

Se disegnassimo una pavimentazione sulla superficie di una ciambella con un buco, non otterremmo 2, ma un altro numero (comunque costante per ogni pavimentazione di una ciambella con un buco).

Esercizio 23.9 Secondo voi, quale numero si ottiene se consideriamo la somma $V - L + F$ riferita ad una pavimentazione sulla superficie di una ciambella? Vedi Fig. 23.14...

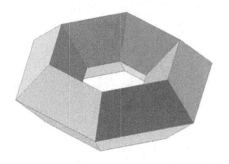

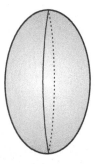

▲ **Figura 23.14** Una pavimentazione di una ciambella

▲ **Figura 23.15** Un pallone da rugby diviso in (quattro) spicchi: due vertici, quattro lati, quattro facce

Abbiamo dunque individuato una proprietà profonda della sfera, che vale anche per tutte le superfici che sono ottenute partendo dalla sfera e deformandola (ossia le superfici omeomorfe ad una sfera, per esempio le superfici dei poliedri, o gli ellissoidi come il pallone da rugby di Fig. 23.15).

Questi esempi illustrano l'essenza della topologia, in accordo con la prima presentazione che ne abbiamo dato al Paragrafo 16.5: la topologia è la ricerca di proprietà profonde degli oggetti geometrici che non cambiano se si agisce con omeomorfismi. La formula di Eulero è appunto una di queste proprietà e offre dunque, al lettore che è giunto fin qui, un elegante esempio di *invariante topologico*.

Capitolo 24
Altri esercizi

24.1 Germogli e dintorni

Esercizio 24.1 Consideriamo il gioco Germogli come 'solitario'. Supponiamo che all'inizio ci siano n punti e che lo scopo del giocatore sia impiegare meno mosse possibile per giungere ad una configurazione finale (ossia, come sappiamo, $2n$ mosse). Come può riuscirci?

Esercizio 24.2 Consideriamo il gioco Germogli come 'solitario'. Supponiamo che all'inizio ci siano n punti e che lo scopo del giocatore sia impiegare il maggior numero possibile di mosse per giungere ad una configurazione finale (ossia, come sappiamo, $3n - 1$ mosse). Come può riuscirci?

Esercizio 24.3 (Il Rims... e la Nim-somma) Consideriamo il seguente gioco, chiamato Rims (vedi [5], Volume 4). Ci sono n punti nel piano e delle curve chiuse che passano per alcuni di essi. Ogni giocatore, al suo turno, può tracciare una nuova curva *chiusa* che passa per *almeno uno* dei punti. Le curve tracciate non si possono mai intersecare (vedi Fig. 24.1). Perde, al solito, chi non può più fare nessuna mossa.

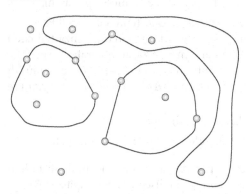

◀ **Figura 24.1** Una fase di una partita a Rims

Ora consideriamo una versione modificata del Nim (vedi la descrizione del gioco al Capitolo 3 e la discussione sulla Nim-somma nell'Appendice B). Pensiamolo con i biscotti disposti in pile invece che in piatti e aggiungiamo questa regola: dopo aver fatto la sua mossa 'standard' (ossia dopo aver scelto una pila di biscotti e aver mangiato alcuni dei biscotti che si trovano in quella pila) il giocatore può suddividere in due nuove pile i biscotti che rimangono nella pila da cui ha mangiato.

Dimostrare che il 'Nim modificato' è un gioco equivalente al Rims.

Elaborare di conseguenza una strategia per il Rims.

Suggerimento. L'idea di usare la Nim-somma è valida anche per il Nim modificato e dunque per il Rims?

Delucchi E., Gaiffi G., Pernazza L.: Giochi e percorsi matematici
DOI 10.1007/978-88-470-2616-2_24, © Springer-Verlag Italia 2012

Esercizio 24.4 Provate a giocare a Cavoletti di Bruxelles su una ciambella invece che nel piano. Quante mosse può durare il gioco che inizia con una sola crocetta? E con due?

24.2 Grafi planari e formula di Eulero

Esercizio 24.5 Dimostrare che il grafo di Petersen di Fig. 24.2 non è planare.

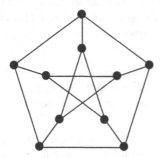

◀ **Figura 24.2** Il grafo di Petersen

Esercizio 24.6 Determinare il numero di grafi semplici non planari con 6 vertici.

Esercizio 24.7 Sia n un intero positivo e consideriamo n punti distinti $P_1, P_2, \ldots, P_n$ nel piano $\mathcal{P}$. Dimostrare che $\mathcal{P} - \{P_1, P_2, \ldots, P_n\}$ è connesso per archi.

Esercizio 24.8 Prendiamo di nuovo in considerazione l'enunciato dell'Esercizio 6.29. Supponiamo di avere n (con $n \geq 2$) punti su una circonferenza tali che i segmenti che li congiungono a due a due siano in 'posizione generale', ovvero che all'interno del cerchio non ci sia nessun punto in cui si intersecano tre (o più) di essi. Allora questi segmenti suddividono l'interno del cerchio in $1 + \binom{n}{2}$ regioni se $n = 2, 3$ e in $1 + \binom{n}{2} + \binom{n}{4}$ regioni se $n > 3$.
Dare una dimostrazione che utilizza la formula di Eulero.

Suggerimento. Contare i vertici e i lati del grafo risultante... vedi Fig. 6.4.

Esercizio 24.9 Pensare oggetti geometrici per cui non vale la formula di Eulero (per esempio falsi poliedri... cominciate con quelli disegnati nel Capitolo 23).

Esercizio 24.10 La letteratura presenta molte definizioni del concetto di pavimentazione (si vedano per esempio i libri di Grünbaum e Shephard [28] e Dedò [14]). Nel caso della sfera, restringendo da subito la definizione più generale, diremo che una pavimentazione è una famiglia finita di sottoinsiemi ("mattonelle") $P_1, P_2, \ldots, P_n$ tali che:

- ogni mattonella è omeomorfa ad un cerchio;
- l'unione delle mattonelle è tutta la sfera;
- due mattonelle si intersecano tutt'al più lungo il loro bordo;
- l'unione dei bordi è suddivisa in vertici e archi in modo tale che, levando un punto interno ad una mattonella e applicando la proiezione stereografica (descritta nel Paragrafo 23.2), si ottenga un disegno planare di un grafo.

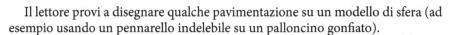
Il lettore provi a disegnare qualche pavimentazione su un modello di sfera (ad esempio usando un pennarello indelebile su un palloncino gonfiato).

Esercizio 24.11 Da una pavimentazione della sfera si può passare ad una pavimentazione del piano levando un punto interno ad una mattonella e applicando la proiezione stereografica. La pavimentazione del piano risultante avrà un numero finito di mattonelle, e quindi dovrà avere una mattonella illimitata (ovvero l'immagine della mattonella bucata).

Il lettore pensi ad una definizione di pavimentazione del piano che includa sia le pavimentazioni che provengono da pavimentazioni della sfera come indicato sopra, sia pavimentazioni con un numero infinito di mattonelle, e disegni alcuni esempi (confrontando eventualmente i propri risultati con il Paragrafo 1.1.1 di [28]).

Parte V

Appendici

Appendice A
I giochi come concreta esperienza didattica

Tutti i giochi e i 'primi piani' presentati in questo libro nascono da lezioni o laboratori tenuti da noi autori in diverse occasioni. Il calendario aggiornato degli eventi e le loro descrizioni dettagliate si trovano sul web alla pagina

http://www.maestran.ch/giochi/

Speriamo che dalle nostre proposte di giochi qualche lettore-docente possa trarre indicazioni utili per tentare qualche 'evasione' dai canoni consolidati. Da parte nostra, testimoniamo che durante le attività svolte gli alunni hanno mostrato grande interesse e coinvolgimento, a dispetto (o forse proprio a causa?) della complessità e profondità dei temi affrontati.

Sebbene gli argomenti proposti nel libro siano stati pensati per studenti delle scuole superiori, vogliamo sperare che anche docenti di scuola media (o, perché no, elementare) possano trovare spunti interessanti tra i 'nostri' giochi.

A supporto di questo consiglio, oltre all'entusiasmo riscontrato nelle nostre esperienze, possiamo anche citare il lavoro di importanti studiosi di didattica della matematica. Basti pensare all'esperimento descritto da Guy Brousseau nel Paragrafo 1.1 di [8], a proposito di un gioco strettamente imparentato con il Chomp: la *corsa al 20*, che descriviamo brevemente (anche perché altrimenti questa sarebbe l'unica sezione del libro senza giochi!).

Gioco. Si parte dal numero 0 e, a turno, i due giocatori sommano 1 oppure 2, a scelta. Vince chi arriva prima a 20.

Brousseau sottolinea quattro fasi principali del gioco in classe. La prima fase è quella della spiegazione da parte dell'insegnante. Segue una fase di gioco '1 contro 1' tra gli allievi e una di gioco 'tra squadre'. Qui gli scolari cercano, tentano e, in una terza fase, discutono i 'trucchi' e le strategie trovate. La quarta e ultima fase è quella del *gioco della scoperta*: gli allievi enunciano le proposizioni e le strategie scoperte e devono convincere la squadra avversaria (con il ragionamento o vincendo una partita) della validità delle loro proposizioni, che solo allora diventano 'teoremi'.

Fatte le debite distinzioni dovute all'età e al carattere dei singoli, anche nei nostri laboratori si sono verificate dinamiche comparabili a quelle descritte da Brousseau: dopo una certa confidenza con il gioco 'a due' si sviluppava la discussione a gruppi, ove necessario moderata o stimolata dai 'tutors', di solito studenti o dottorandi in matematica. Alla fine del laboratorio gli scolari presentavano, giustificandole, le loro soluzioni ai problemi posti.

Per un resoconto in chiave didattica di alcuni dei laboratori svolti rimandiamo ai lavori di alcune delle allieve di un corso di perfezionamento per insegnanti che hanno scelto i nostri laboratori come oggetto della loro relazione finale [38, 41].

Delucchi E., Gaiffi G., Pernazza L.: Giochi e percorsi matematici
DOI 10.1007/978-88-470-2616-2_25, © Springer-Verlag Italia 2012

Appendice B
Soluzioni e suggerimenti per alcuni degli esercizi proposti

Ci sono alcuni particolari argomenti (la Nim-somma, il teorema di Jordan, la formula di Eulero) che, durante le lezioni-laboratorio svolte in questi anni, abbiamo sempre discusso 'in due tempi' con gli studenti. Durante la prima spiegazione abbiamo lasciato qualcosa in sospeso, magari come esercizio da svolgere, per stimolare la curiosità degli studenti e per non appesantire il discorso. Però poi abbiamo sempre ritenuto importante ritornare sul tema e verificare che tutti gli studenti avessero completato i dettagli. Anche nel presente volume abbiamo voluto mantenere i 'due tempi': il 'secondo tempo' è costituito dalle soluzioni presenti in questa appendice.

B.1 Esercizio sul gioco del Nim e sulla Nim-somma

Risolviamo l'Esercizio 3.3 sulla strategia per vincere una partita a Nim.

Gli esempi discussi nel Capitolo 3 ci spingono a congetturare che ogni configurazione con Nim-somma $ppp\cdots p$ è p-erdente per chi si trova a doverla affrontare. Infatti se la Nim-somma contiene solo p, è facile dimostrare che ogni mossa porta ad una configurazione con Nim-somma contenente almeno un d; a questo punto sorge il sospetto che una tale configurazione possa sempre essere 'annullata' dall'avversario, che può con una mossa ricondurre il gioco una configurazione con Nim-somma $ppp\cdots p$. Se confermiamo questo sospetto allora possiamo concludere che:

1 il primo giocatore ha una strategia per vincere il Nim se la Nim-somma della configurazione iniziale contiene almeno una d (infatti può sempre lasciare all'avversario configurazioni con Nim-somma $ppp\cdots p$, ed avere sempre per sé configurazioni con almeno una d... ma la configurazione finale perdente, quella con 0 biscotti su ogni piatto, ha Nim-somma uguale a p, dunque tocca al secondo giocatore);

2 altrimenti è il secondo giocatore che ha una strategia vincente.

Dimostriamo dunque che da una configurazione con almeno una d nella somma si riesce sempre con una mossa a creare una configurazione con Nim-somma $ppp\cdots p$.

Se la Nim-somma di una configurazione ha una d, allora in quella colonna c'è un 1 di troppo, e quindi ci sono dei biscotti 'in più' nel piatto associato alla riga dove appare l'1 incriminato. Il problema è che nulla assicura che ci sia una riga ('un piatto') contenente un 1 per ogni colonna dove la Nim-somma ha una d.

Delucchi E., Gaiffi G., Pernazza L.: Giochi e percorsi matematici
DOI 10.1007/978-88-470-2616-2_26, © Springer-Verlag Italia 2012

Ecco un piccolo controesempio dove effettivamente non è così:

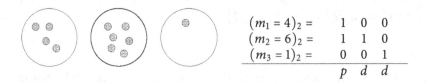

$$
\begin{array}{llll}
(m_1 = 4)_2 = & 1 & 0 & 0 \\
(m_2 = 6)_2 = & 1 & 1 & 0 \\
(m_3 = 1)_2 = & 0 & 0 & 1 \\
\hline
 & p & d & d
\end{array}
$$

Una via d'uscita è quella di accorgersi che in effetti non si tratta di togliere a tutti i costi qualche 1, ma eventualmente anche di aggiungerne: basta creare una configurazione di parità. Dalla Nim-somma si ricava in effetti un numero binario sostituendo d con 1 e p con 0. Questo numero è quello che avremmo voluto sottrarre idealmente da una riga con gli 1 'al posto giusto'. Ora però quello di cui effettivamente abbiamo bisogno è trasformare una riga in modo che le cifre che cambiano siano quelle nelle colonne volute, e in modo che il numero risultante sia minore di quello iniziale (i biscotti si possono solo togliere).

Ma questo è semplice da realizzare: basta trovare una riga j con un 1 nella colonna della prima d da sinistra (nel nostro esempio: che abbia un 1 nella seconda colonna). Tale riga esiste sicuramente: infatti per avere d nella somma bisogna avere un 1 da qualche parte (e infatti, nel nostro esempio m_2 soddisfa il criterio, quindi $j = 2$). Invertendo le cifre (0 va in 1 e 1 va in 0) della riga j corrispondenti alle colonne con Nim-somma d si ottiene una nuova riga che corrisponde all'espressione in base 2 di un numero N_j sicuramente minore di m_j. Nel nostro esempio, cambiando le cifre di $(m_2 = 6)_2$ alle colonne 2 e 3, si ottiene $N_2 = 101 = (5)_2$.

E ora ci siamo: basta togliere $m_j - N_j$ biscotti dal piatto numero j per ottenere nella j-esima riga il numero N_j, ossia il risultato sperato. Nel nostro esempio ciò significa togliere 1 biscotto dal secondo piatto:

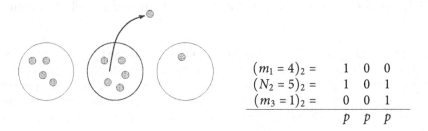

$$
\begin{array}{llll}
(m_1 = 4)_2 = & 1 & 0 & 0 \\
(N_2 = 5)_2 = & 1 & 0 & 1 \\
(m_3 = 1)_2 = & 0 & 0 & 1 \\
\hline
 & p & p & p
\end{array}
$$

B.2 Esercizio sul teorema di Jordan per i poligoni

Risolviamo l'Esercizio 14.9, che chiede di completare la dimostrazione del teorema di Jordan per curve poligonali.

Partiamo dalla traccia della dimostrazione del Teorema 14.6 e manteniamo le stesse notazioni. Consideriamo due punti p e q entrambi interni o entrambi esterni, ma tali che il segmento pq intersechi la curva, e costruiamo, costeggiando C, una nuova spezzata che li collega e che non interseca C. Consideriamo il punto dove la spezzata incontra per l'ultima volta pq. È cruciale stabilire se tale punto è t' o t'' (ci riferiamo alla Fig. B.1). Dobbiamo dimostrare che t' e t'' hanno parità diverse: la spezzata (disegnata a trattini nella figura), incontrerà quello dei due (ossia t') che ha la stessa parità di p e di q, e non l'altro.

Come in figura, t'' e t' sono da parti opposte rispetto alla curva; tracciamo le semirette uscenti dai due punti, parallele alla semiretta di riferimento r: siccome la direzione di r non è parallela a nessun lato e inoltre t' e t'' sono 'molto vicini' alla curva, una delle due semirette intersecherà la curva. Supponiamo che, come in figura, sia la semiretta uscente da t'' che interseca la spezzata, e fissiamo due punti a, b, rispettivamente sulle semirette uscenti da t' e t'', di modo che bt'' intersechi la curva e che $bat't''$ sia un parallelogramma. Osserviamo che, nel costruire la spezzata, possiamo farla passare vicina quanto vogliamo alla curva C. Possiamo dunque pensare che t' e t'' siano *molto vicini* a q', e che il parallelogramma $bat't''$ sia così piccolo da non incontrare altri lati della curva C fuorché quello contenente q'.[1]

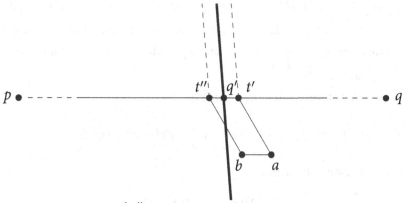

▲ **Figura B.1** I punti t', t'', a e b: il segmento orizzontale è quello congiungente pq, il segmento obliquo in grassetto è un lato della curva C, i due segmenti $t''b$ e $t'a$ sono paralleli alla semiretta iniziale r; i due percorsi tratteggiati che terminano in t'' e t' 'costeggiano' la spezzata

Per costruzione, t' ed a hanno la stessa parità, e siccome ba *non* interseca C, anche t' e b hanno la stessa parità. Ma t'' e b hanno parità opposta (si verifica immediatamente pensando a come è definita la parità), quindi t'' e t' hanno parità *opposta*.

Per concludere l'ultimo dettaglio della dimostrazione rimasto in sospeso, resta da vedere che l'insieme E dei punti esterni, quindi di tipo 'pari', è illimitato, mentre I è limitato.

---

[1] Se q' fosse un vertice di C, i lati di C contenenti q' sarebbero due, ma la dimostrazione si adatta facilmente anche a questo caso.

Per prima cosa scegliamo un rettangolo 'grande' all'interno del quale si trova la nostra curva C. Possiamo sceglierlo per esempio con due lati paralleli alla semiretta r. Si individua allora immediatamente un punto esterno al rettangolo tale che, se gli applichiamo la semiretta, ci allontaniamo verso... l'infinito, e non incontriamo mai il rettangolo. Dunque tale punto è di tipo pari, ed appartiene ad **E**. Ma ogni altro punto esterno al rettangolo è di tipo pari, perché può venire collegato al punto appena descritto tramite una spezzata che è tutta esterna al rettangolo (e che, in particolare, non interseca la curva). Allora tutti i punti esterni al rettangolo sono in **E**: abbiamo provato che **E** è illimitato. Quanto ad **I**, a questo punto è... imprigionato dentro il rettangolo, dunque è limitato.

B.3 Esercizio sui solidi platonici

Risolviamo l'Esercizio 23.6, che chiede di dedurre dalla formula di Eulero il fatto che esistono esattamente cinque solidi platonici.[2]

Chiamiamo F il numero di facce del nostro ipotetico poliedro regolare, e supponiamo che ogni faccia abbia l lati (con $l \geq 3$). In tal caso, il numero di spigoli del poliedro è $L = \dfrac{F \cdot l}{2}$. Supponiamo ora che in ogni vertice concorrano $d \geq 3$ facce (e d non dipende dal vertice scelto, perché il poliedro è regolare!): il numero di vertici del poliedro è $V = \dfrac{F \cdot l}{d}$.

Siccome vale la formula di Eulero, abbiamo

$$2 = F - L + V = F - F\frac{l}{2} + F\frac{l}{d} = F(1 - l/2 + l/d).$$

Da questa equazione otteniamo:

$$F(l - 2)(d - 2) = 4(F - d)$$

e, considerando che $4(F - d) < 4F$, troviamo $(l - 2)(d - 2) < 4$. Una semplice analisi dei casi possibili ci rivela che le uniche scelte per l ed f sono quelle dei 5 solidi platonici. Infatti se $l = 3$ le facce sono triangoli, e d può essere uguale a $3, 4, 5$. Questi casi corrispondono rispettivamente al tetraedro ($d = 3$), all'ottaedro ($d = 4$) e all'icosaedro ($d = 5$).

Se invece $l = 4$, le facce sono quadrati e d deve essere uguale a 3 per non contraddire la disuguaglianza: è il caso del cubo.

Infine, se $l = 5$ ($l > 5$ non è possibile sempre per la disuguaglianza), le facce sono pentagoni e $d = 3$: otteniamo il dodecaedro.

---

[2]Le risposte a questo esercizio e a quelli del paragrafo successivo si trovano anche nell'appendice al 'Quaderno' [16] scritta da Marco Golla. Il Quaderno contiene il resoconto di un laboratorio di topologia tenuto durante la *Settimana Matematica*, e nell'appendice il lettore troverà risposte ad altri interessanti esercizi 'topologici'.

B.4 Esercizi sulle pavimentazioni della sfera

Risolviamo l'Esercizio 23.7 e l'Esercizio 23.8, usando la formula di Eulero per studiare pavimentazioni della sfera.

Mostreremo che, se vogliamo pavimentare la sfera usando solo mattonelle pentagonali ed esagonali, in modo che in ogni vertice si incontrino almeno tre mattonelle, servono almeno 12 mattonelle pentagonali (e quindi, a maggior ragione, non si potrà pavimentare la superficie della sfera usando solo mattonelle esagonali). Supponiamo di avere una pavimentazione con f_5 mattonelle pentagonali ed f_6 mattonelle esagonali.

Il numero di mattonelle è $F = f_5 + f_6$; ogni spigolo della pavimentazione è condiviso da due mattonelle, quindi se contiamo il numero di spigoli di ogni mattonella, e facciamo la somma, otteniamo il *doppio* del numero di spigoli, cioè $2L = 5f_5 + 6f_6$; infine, in ogni vertice concorreranno *almeno* tre mattonelle, quindi se contiamo il numero di vertici per ogni mattonella e sommiamo, otteniamo *almeno* tre volte il numero dei vertici totali, ovvero $3V \leq 5f_5 + 6f_6$.

Ma la nostra pavimentazione deve soddisfare la formula di Eulero, ovvero $F - L + V = 2$. Dunque:

$$2 = F - L + V \leq (f_5 + f_6) - \frac{5f_5 + 6f_6}{2} + \frac{5f_5 + 6f_6}{3} = \frac{f_5}{6},$$

da cui $f_5 \geq 12$.

Inoltre possiamo osservare che, se imponiamo la condizione più restrittiva che in ogni vertice concorrano esattamente 3 facce, come succede nel pallone da calcio, la disuguaglianza $3V \leq 5f_5 + 6f_6$ diventa un'uguaglianza, e diventa un'uguaglianza anche $f_5 = 12$: in questo caso servono esattamente 12 pentagoni.

Bibliografia

[1] A. Abbondandolo, *Dimostrazioni e confutazioni*,
http://www.dm.unipi.it/~abbondandolo/divulgazione/dimostrazioni.pdf

[2] E.A. Abbot, *Flatland*, Seely & Co., 1884; edizione italiana: *Flatlandia*, Adelphi, 2000.

[3] D. Applegate, G. Jacobson, D. Sleator, *Computer Analysis of Sprouts*, in: The Mathemagician and Pied Puzzler, E. Berlekamp, T. Rodgers (eds.), A.K. Peters Ltd., Natick, MA, 1999.

[4] A. Archer, *A Modern Treatment of the 15 Puzzle*, American Mathematical Monthly **106**, 1999, pp. 793-799.

[5] E.R. Berlekamp, J.H. Conway, R.K. Guy, *Winning Ways for Your Mathematical Plays*, Academic Press, New York, 1982.

[6] B. Bollobas, *Modern Graph Theory*, Springer, New York, 1998.

[7] J.A. Bondy, U.S.R. Murty, *Graph Theory with Applications*, North Holland, New York, 1976.

[8] G. Brousseau, *Théorie des situations didactiques. Didactiques des mathématiques 1970-1990*, La Pensée Sauvage, Grenoble, 1999.

[9] A.E. Brouwer, G. Horvath, I. Molnar-Saska, C. Szabo, *On three-rowed Chomp*, Electronic Journal of Combinatorial Number Theory 5, 2005.

[10] V. Checcucci, A. Tognoli, E. Vesentini, *Lezioni di topologia generale*, Feltrinelli, Milano, 1977.

[11] C. Browne, *Hex Strategy: Making the Right Connections*, A.K. Peters, Nitick, MA, 2000.

[12] M. Copper, *Graph theory and the game of sprouts*, Amer. Math. Monthly **100**, 1993, 478-482.

[13] R. Courant, H. Robbins, *Che cos'è la matematica?*, a cura di I. Steward, Bollati Boringhieri, Torino, 2000.

[14] M. Dedò, *Forme, simmetria e topologia*, Zanichelli, Milano, 2000.

[15] E. Delucchi, G. Gaiffi, L. Pernazza, *Passatempi e giochi: alla ricerca di problemi e soluzioni*, Quaderni della Settimana Matematica **1**, Università di Pisa, 2007 (con un'appendice a cura di Giulio Tiozzo).

[16] E. Delucchi, G. Gaiffi, L. Pernazza, *Forme, trasformazioni e topologia*, Quaderni della Settimana Matematica **2**, Università di Pisa, 2008 (con una appendice a cura di Marco Golla).

[17] E. Delucchi, G. Gaiffi, L. Pernazza, *1000 dollari per spostare due blocchetti: il gioco del 15*, XlaTangente n. 15, 2009.

[18] R. Diestel, *Graph theory*, Springer, Berlin, 2005.

[19] J. Draisma, S. van Rijnswou, *How to chomp forests, and some other graphs.*
http://www.math.unibas.ch/~draisma/recreational/graphchomp.pdf

[20] A. Engel, *Problem Solving Strategies*, Problem Books in Mathematics, Springer, New York, 1998.

[21] L. Euler, *Elementa doctrinae solidorum*. Novi Commentarii academiae scientiarum Petropolitanae **4**, 1758, pp. 109-140. Disponibile presso [23].

[22] L. Euler, *Solutio problematis ad geometriam situs pertinentis*, Commentarii academiae scientiarum Petropolitanae **8**, 1741, pp. 128-140.

[23] L. Euler, *The Euler Archive*. Riproduzione delle opere e del carteggio di Eulero disponibile liberamente in rete. http://www.math.dartmouth.edu/~euler/

[24] D. Gale, *The game of Hex and the Brouwer Fixed-Point Theorem*, Amer. Math. Monthly **86**, 1979, pp. 818-827.

[25] D. Gale, *Topological games at Princeton, a mathematical memoir*, Games and Economic Behavior **66**(2), 2009, pp. 647-656.

[26] M. Gardner, *Mathematical Games*, Scientific American, 1973.

[27] M. Gardner, *Enigmi e giochi matematici*, Rizzoli, Milano, 2005.

[28] B. Grünbaum, G.C. Shephard, *Tilings and Patterns*, W. H. Freeman and Company, New York, 1987.

[29] P. Halmos, *Problems for Mathematicians, Young and Old*. Dolciani Math. Expositions 12, Math. Assoc. America, 1991.

[30] P.J. Heawood, *Map colour theorem*, Quart. J. Math. **24**, 1890, pp. 332-338.

[31] I.N. Herstein, *Algebra*, Editori Riuniti, Roma, 1994.

[32] W.W. Johnson, *Note on the "15" puzzle*, Amer. J. Math. **2**, 1879, pp. 397-399.

[33] C. Kosniowski, *Introduzione alla topologia algebrica*, Zanichelli, Milano, 1988.

[34] I. Lakatos, *Dimostrazioni e confutazioni. La logica della scoperta matematica*. Feltrinelli, Milano, 1979.

[35] T.K. Lam, *Connected Sprouts*, Amer. Math. Monthly **104**, 1997, 116-119.

[36] L. Lami, *Periodicità nei giochi combinatori: il caso di un gioco non ottale*, Tesi di Laurea Triennale, Università di Pisa (relatore A. Berarducci), disponibile all'indirizzo http://etd.adm.unipi.it/theses/available/etd-12242011-124934/

[37] S. Loyd, *Mathematical puzzles of Sam Loyd: Selected and Edited by Martin Gardner*, Dover, New York, 1959.

[38] M.G. Marzario, *Corso di perfezionamento "Strategie didattiche per promuovere un atteggiamento positivo verso la matematica e la fisica"*. Università di Pisa, 2007.
http://fox.dm.unipi.it/perfezionamento2006/documenti/MarzarioTirocinio.pdf

[39] W.S. Massey, *A Basic Course in Algebraic Topology*, Springer, New York, 1991.

[40] O. Ore, *I grafi e le loro applicazioni*, Zanichelli, Milano, 1965.

[41] D. Poletti, *Corso di perfezionamento "Strategie didattiche per promuovere un atteggiamento positivo verso la matematica e la fisica"*. Università di Pisa, 2007.
http://fox.dm.unipi.it/perfezionamento2006/documenti/PolettiRelLab2.pdf

[42] G. Prodi, *Analisi matematica*, Bollati Boringhieri, Torino, 1970.

[43] E. Sandifer, *How Euler Did It: V, E and F*, Part 1 and 2.
http://www.maa.org/news/howeulerdidit.html

[44] E. Sernesi, *Geometria II*, Bollati Boringhieri, Torino, 1994.

[45] G. Simmons, *The game of SIM*, J. Recreational Mathematics **2**(2), 1969, pp. 66.

[46] J. Slocum, D. Sonneveld, *The 15 Puzzle: How It Drove the World Crazy. The Puzzle that Started the Craze of 1880. How America's Greatest Puzzle Designer, Sam Loyd, Fooled Everyone for 115 Years*, Beverly Hills, CA, Slocum Puzzle Foundation, 2006.

[47] V. Villani, *Matematica per discipline bio-mediche,* McGraw-Hill, New York, 2007.

[48] R.J. Wilson, *Introduzione alla teoria dei grafi,* Edizioni Cremonese, 1978. Segnaliamo anche la seconda edizione, in inglese, *Introduction to graph theory.* Academic Press, New York, 1979.

[49] R.M. Wilson, *Graph Puzzles, Homotopy, and the Alternating Group,* J. Combin. Th. B **16**, 1974, 86-96.

[50] N. White, *Graphs, Groups and Surfaces,* North Holland Publ., New York, 1973.

[51] http://marekrychlik.com/cgi-bin/gauss.cgi

[52] http://utenti.quipo.it/base5/jsgioco15/g15did.htm

[53] http://www.mathpuzzle.com/loyd/, versione in rete della Sam Loyd's Cyclopedia of 5000 Puzzles, Tricks, and Conundrums (With Answers).

[54] http://www.maestran.ch/giochi/index.html

Indice analitico

CONVERGENZE
Collana promossa dall'UMI-CIIM

M.G. Bartolini Bussi, M. Maschietto
Macchine Matematiche
2006, XVI+160 pp, 978-88-470-0402-3

G.C. Barozzi
Aritmetica
2007, VI+124 pp, 978-88-470-0581-5

R. Zan
Difficoltà in matematica
2007, XIV+306 pp, 978-88-470-0583-9

G. Lolli
Guida alla teoria degli insiemi
2008, X+148 pp, 978-88-470-0768-0

M. Donaldson
Come ragionano i bambini
2009, XII+154 pp, 978-88-470-1447-3

F. Ghione, L. Catastini
Matematica e Arte
2010, XVI+162 pp, 978-88-470-1728-3

L. Resta, S. Gaudenzi, S. Alberghi
Matebilandia
2011, XIII+336 pp, 978-88-470-2311-6

E. Delucchi, G. Gaiffi, L. Pernazza
Giochi e percorsi matematici
2012, XII+198 pp, 978-88-470-2615-5